U0124158

天下
雜誌
觀念領先

START

# 先問，為什麼？

WITH

## 顛覆慣性思考的黃金圈理論
## 啟動你的感召領導力

HOW GREAT LEADERS INSPIRE
EVERYONE TO TAKE ACTION

WHY

世界上，有領導，與領導者。
領導，掌握權位以治人；
領導者，激勵感召以帶人。

無論是個人或團隊，我們都想追隨領導者。
並非因為我們必須服從，
而是因為我們想要跟隨領導者的感召；
我們跟隨領導者不是要完成他的目標，
而是能成就更好的自己。

這本書，獻給期許能激勵人心的領導者，
也獻給期望找到感召人心的領導者的你。

**CONTENTS**

## 各界推薦

「我近幾年讀過最有用、最厲害的書。概念簡單優雅，直接告訴我們領導的核心關鍵。」

——威廉·尤里（William Ury）
哈佛法學院談判學程共同創始人

「這本書又重新點燃我心中的熱情。它將我用於軍中的概念，轉換成任何組織都能受用的語言。這本書可以帶領你達到想像不到的成功。」

——查克·霍能將軍（General Chuck Horner）
美國沙漠風暴行動指揮官

「《先問，為什麼？》用簡潔有力又實際可行的方式詮釋領導力。書中每個故事都能刺激你用完全不同以往的觀點思考。」

——莫赫塔·拉瑪尼（Mokhtar Lamani）
資深外交官

「西奈克舉世聞名的黃金圈理論，深刻影響我對商業的認知。影響人的關鍵，不在於做了什麼，而在於為何而做。由此建立的品牌策略、行銷規劃與商業模式，能深入核心，也更能有效轉化為實質市場影響力，為自己與客戶帶來業務成長。

這個概念是如此簡單，任何人都能理解並實踐。想知道如何建立市場影響力？說服一群人相信並跟隨你的信仰？閱讀《先問，為什麼？》就是你最正確的選擇！」

——洪聖倫
光明頂創育智庫執行長

「義務使人僵化，動機才能產生熱情。我喜歡跟事務所的同仁討論『可以做什麼』，而非指示『該做什麼』。凡事回到原點，效果往往比我預期更好。『你認為呢？』漸漸成為我的口頭禪，也成為我和夥伴之間信賴的基礎，甚至可以探尋到夥伴心中潛藏的夢想，進一步和我的理想結合，更有機會了解彼此適不適合。

當你覺得自己腳步太快，或是躊躇迷惘，記得先問自己：為什麼？面對自己、深度挖掘，答案通常會自然浮現。」

——律師娘林靜如

「我們為何而戰？多年前創業徵才至今，每一場面試，我必問的問題是：你最終想追求什麼？我對答案沒有預設立場，我只想知道眼前這位有機會一起共事的人，為何而戰？這個問題雖然沒有標準答案，但大部分的人回答都很含糊。顯然要找到答案，需要一個探索的過程。在這本書中，西奈克有系統地引導我們找答案，然後勇敢做決定。追求『意義』已是現代人的重大課題，而我們卻花太少時間思考這個人生終極問題，我誠摯推薦本書給讀者，希望各位找到屬於自己的答案。」

——程世嘉

LIVEhouse.in 執行長

「Teach for Taiwan是致力培養教育領導者的組織。這五年，看了上千份履歷，也幸運與數百名優質青年面談。我們深刻觀察到，在我們的文化脈絡下，「領導者」普遍讓人認為等於「高位」。時常有人問：TFT不是要培育「好老師」嗎？不是要改善教育不平等嗎？為何要追求位置與權力呢？

但即使對領導者的定義有疑問，面試者卻都提及同樣的渴望：希望融入與自己信念一致的團隊、變成更好的自己、成為那位曾經啟發自己的重要他人。西奈克的書正回應了這樣的疑惑與渴望。人生中影響我們很深的教育者，他們不只具備教學理論與技巧，而是打造信任的團隊與環境，帶我們朝更遠大的目標前進。他們鼓舞別人夢想更多、學習更多、行動更多及改變更多，換句話說，他們是西奈克定義中，最棒的領導者。

好老師，就是好的領導者，反之亦然。而好的領導者，必須從自身的為什麼開始。相信西奈克的書能幫助渴望成就更好的自己與他人的每一位。」

——劉安婷，Teach for Taiwan創辦人

「在外商六年，最難適應但反思最多的就是澳洲籍老闆不斷問的：『Why?』以及『Say more!』遇到瓶頸時，他透過反覆問為什麼，不斷鼓勵我深入挖掘，讓我在內部與客戶關係、業績與團隊合作均獲肯定，得到全球總裁獎肯定。

阻礙前進的通常不是別人或競爭者，而是自己。運用黃金圈，找到最值得燃燒自己的為什麼，讓我在講課、寫作、主持、創業四大領域間游刃有餘。鼓勵大家練習思考：我從哪裡來？要往哪裡去？我為什麼努力？唯有找到自己的為什麼，才能找到前進的動力與幹勁。」

——謝文憲

知名講師、作家、主持人

作者序

# 為什麼的力量

我第一次發現「為什麼」（WHY），是在人生非常黑暗的時刻。發現為什麼的旅程，並不是學術上或知識性的追尋。我發現我對工作失去了熱情，感到非常痛苦。並不是因為我的工作出了什麼問題，客觀來說我有很好的工作，但我卻無法享受其中。理論上，我應該要感到快樂。我有不錯的收入、有很棒的客戶，但我就是不快樂。我無法從工作中得到成就感，除非我能找到方法，重燃熱情。

發現為什麼的旅程，徹底改變我看世界的方式，找到我自己的為什麼，也完全改變我的人生方向，我第一次對人生感到充滿熱情與希望。「為什麼」是無比簡單卻強而有力、而且完全可行的概念，所以我開始跟身邊好友們分享。發現好東西，第一個就想跟自己所愛的人分享。於是，我身邊的人也開始了探索為什麼之旅，他們的人生也出現很大的改變。朋友開始請我跟他們的朋友分享為什麼的概念，於是，為什麼的概念開始擴散。

就在那時候，我決定從自己開始做實驗。我想親身實踐自己分享與宣傳的概念，盡最大努力去試。我成為現在的自己——推廣「為什麼」的代言人——唯一的出發點，就是為了他人。

我沒有公關，也沒什麼媒體能見度，但為什麼的概念卻能傳得又快又遠，因為這個概念能和大家產生很深的共鳴，人們聽到之後，又再迫不及待地與身邊的親朋好友分享。我有幸能寫一本關於「為什麼」的書，讓這個概念能夠超越我自己，影響更多人。我在 TED 的演講快速被瘋傳，但我們沒有用任何行銷手法。影片能受歡迎，是因為影片的核心訊息是樂觀的，是充滿人性的。所以，可以感召真心相信的人，繼續分享。

愈多人或團隊開始從為什麼出發，就有愈多人能熱愛自己的工作、早上起床就充滿希望地去上班。這就是最能鼓勵我自己繼續推廣「為什麼」的原動力。

你願意加入嗎？

賽門・西奈克

寫於紐約，2011 年 7 月 28 日

前言

# 為什麼要從「為什麼」開始？

這本書中討論的，是一種自然形成的思維、行為及溝通模式，這種模式讓某些領導者擁有強烈的感召力，能夠啟發、鼓舞身邊的人。這些「天生的領導者」或許生來就擁有啟發別人的能力，但這種能力絕非他們的專利，每個人都可以學習。只要願意下點功夫，每位領導者、每個組織，都可以學會如何啟發別人（包括組織內外的人），幫助別人發揮潛能、實現願景。我們每個人都能學會領導。

這本書並不是要試圖為行不通的事情提出解答；相反地，我寫這本書就是希望幫助大家，將焦點放在那些真正行得通的事情上。我無意否定其他人提出的意見，只要是基於合理的事實，任何建議都有令人信服的價值。但如果一開始，我們就問錯問題、不了解事情的真正原因，那麼即使得到正確答案，我們還是有可能走錯方向。遲早，事情的真相總會一一浮現。

接下來，各位會看到三則有關於個人與組織的故事，這些故事的主人翁天生就精通這套模式。他們知道要從「為什麼」（Why）開始。

## 人類首次飛翔

這件事的目標非常遠大，群眾密切關注，各方專家急於貢獻心力，資金業已準備到位。幾乎擁有成功的一切要素，美國天文物理學家塞繆爾．皮爾龐特．蘭利（Samuel Pierpont Langley）是二十世紀初最有可能成為第一位飛上天空的人類。蘭利聲譽崇高，是史密森尼博物館（Smithsonian Institution）資深官員，也是數學教授，曾任職於哈佛大學。他的朋友不乏政商名流、有權有勢之人，包括鋼鐵大王卡內基、貝爾電話公司創辦人貝爾等。當時的美國陸軍部（War Department，美國國防部的前身）撥款五萬美元給蘭利做為研發經費，這在當時可是一筆巨款，他網羅了當代最優秀的人才，組成一支最聰明、最專業，不折不扣的夢幻團隊。蘭利的團隊使用最先進的材料，媒體和全國群眾密切關注他的動態，想知道他們何時能達到目標。蘭利擁有最優秀的團隊，資源不虞匱乏，成功指日可待。

但真的是這樣嗎？

幾百英里外，韋爾伯．萊特（Wilbur Wright）與奧維爾．萊特（Orville Wright）兩兄弟正埋首研發自己的飛機。他們對飛行強烈熱情，激勵了家鄉俄亥俄州戴頓市（Dayton, Ohio）的人們自發性組成一支忠實後援隊。這對兄弟並未獲得政府和民間的資助，也沒有顯赫的人脈，團隊中沒有人上過大學，就連萊特兄弟也是。但這支團隊就在簡陋的腳踏車店裡讓美夢成真，1903 年 12 月 17 日，一小群人見證了歷史性的一刻，人類首次架駛飛機，飛上天空。

為什麼萊特兄弟成功了，而裝備精良、資源充沛、教育程度高出許多的蘭利團隊，卻功虧一簣？

這件事無關運氣。萊特兄弟和蘭利都擁有極高的熱情和工作倫理，也都擁有敏銳的科學頭腦。他們追求的目標幾乎一模一樣，但為何只有萊特兄弟得以感召身邊的人，成功領導團隊發展出徹底改變世界的科技？因為萊特兄弟是從「為什麼」開始的。

## 掀起革命

1965 年，加州大學柏克萊分校（University of California, Berkeley）的學生率先公開焚毀徵兵令，抗議美國投入越戰。北加州成為反政府、反主流意識的重要據點，柏克萊和奧克蘭地區衝突、暴動的畫面躍上全球媒體版面，引發全美及歐洲一片聲援行動。直到 1976 年，美國自越南全面撤兵後的第三年，另一場完全不同的革命才正式上場。

他們的目標也是要改變世界，甚至挑戰一般人對世界運作的看法。這些年輕革命家並沒有扔石頭、掄起刀槍，誓死抵抗獨裁政府。相反地，他們決定「以子之矛，攻子之盾」，對蘋果電腦創辦人史蒂夫・沃茲尼克（Steve Wozniak）與史蒂夫・賈伯斯（Steve Jobs）來說，他們的戰場在商界，武器則是個人電腦。

沃茲尼克打造蘋果一號（Apple I）時，個人電腦革命才剛開始風起雲湧。電腦科技逐漸受到眾人矚目，但大家多將它視為一種商業工具，對一般人來說，電腦不但過於複雜，價錢也太昂貴。沃茲尼克的終極目標不是賺錢，他對電腦懷抱著更神聖的目標，他認為，個人電腦能讓小人物有能力與大企業抗衡。如果一般人都能擁有電腦，就能做到資源豐沛的大企業所做到大部分的事。也就是說，個人電腦將改變世界的遊戲規則及運作方式。於是繼蘋果一號後，沃茲尼克又推出升級版的蘋果二號，讓一般人都買得起，也更易於使用。

不管願景有多偉大、創意有多優秀，產品沒人買，就等於一文不值。二十一歲的賈伯斯，是沃茲尼克當年的死黨，他知道該怎麼做。雖然賈伯斯早有銷售電子零件的經驗，但他絕不只是優秀的推銷員而已，他想要做出一番事業，而創立公司正是他的方法，蘋果成為他掀起革命的工具。

創業第一年、只有一項產品的蘋果，就創造了一百萬美元的輝煌業績。第二年，業績衝上一千萬美元；第四年，他們一口氣賣出價值一億美元的電腦。短短六年之內，蘋果已發展成市值數十億美元、擁有三千員工的大企業。

參與這場個人電腦革命的，絕不只賈伯斯和沃茲尼克兩人，這行也絕不只他們兩個天才；事實上，他們當時根本不懂企業經營。蘋果之所以崛起，並不是因為這兩位創辦人擁有成立快速成長企業的能力，也不是因為他們對個人電腦真有什麼獨特過人的見解，而是因為他們能一再複製成功的模式。和同業不同，蘋果一再成功挑戰電腦產業的慣性思維，改變小型消費性電子產業、音樂產業、手機產業，以及廣義的娛樂產業。他們成功的原因很簡單：蘋果啟發人心，因為他們從「為什麼」開始。

## 我有一個夢想

他並非完人，他也有複雜的一面。他更不是美國經歷民權運動之前，唯一的受害者，比他更有魅力的演講者也所在多有，但馬丁．路德．金恩博士（Dr. Martin Luther King, Jr.）有種天賦，他知道如何感召別人。金恩博士知道，民權運動要成功，要能創造真正長久的改變，單靠他和親近盟友的努力並不夠，光憑激勵人心的演說也不夠，要改變這個國家，他們需要感召成千上萬的民眾，朝著共同的願景奮鬥。1963 年 8 月 28 日上午 11 點，他們向華府發出訊息，宣示此刻就美國走上嶄新道路的時候。

這些民權運動的發起者並未四處寄發邀請函，當時也沒有網站可以公告活動的時間和地點，但民眾如潮水般蜂擁而至。據統計，當天有二十五萬人準時聚集在美國首府，聽金恩博士發表演說，他所帶領的運動將永遠改變美國，他的演說至今仍被傳頌：「我有一個夢想！」

要讓那麼多不同膚色、不同種族的人，在同一時間自願聚在一起，絕對需要擁有非常特別的魅力。雖然大家都知道，美國必須進行重大改變，才能使每個人都享有基本的公民權利，但只有金恩博士成功號召整個國家進行變革，而且不只是為了某個少數族裔的權益，而是為了所有人的共同福祉。到底他有什麼與眾不同的魅力？同樣，金恩博士也是從問「為什麼」開始的。

## 更美好的社會

有些人徒有領導者的名義，有些人則是真正的領導者。蘋果電腦只有全美6%、全球3%的市占率，絕不是家用電腦的第一品牌，卻領導全球電腦產業，如今更主導眾多其他產業的發展。金恩博士的生命歷程並非獨一無二，他卻啟發整個國家改變。在人類駕駛動力飛機的競賽中，萊特兄弟並非實力最堅強者，但他們卻帶領人類進入航空新紀元，徹底改變了這個世界。

這些人的目標與其他人並沒什麼不同，他們用的系統和流程也很容易複製。然而，萊特兄弟、蘋果，以及金恩博士卻能夠脫穎而出。他們與眾不同，而且創造出難以被複製的影響力。他們都屬於同一群非常特別的領導者，他們啟發人心、喚起熱情。

幾乎每個人或組織，都需要激勵別人採取行動。有些人希望說服別人進行購買，有些人需要別人的支持或選票；另外，有更多人設法激勵身旁的人更努力、更用心工作，或至少遵守規範等。激勵他人採取行動並不難，我們通常能借用一些外力來達成目的，常見的威脅利誘，就能讓人產生我們想要的行為。舉例來說，通用汽車（General Motors）就非常精於此道，刺激顧客購買他們的車子，因此稱霸全球汽車市場長達七十七年，賣出的車比其他車廠都多。然而，雖然他們是市場領導品牌，卻不能算是真正的領導者。

偉大的領導者能激發他人熱情，進而積極採取行動。這種領導者能讓人產生使命感或歸屬感，超脫外在的誘因及好處。而大家之所以願意追隨他們，並不是因為受到操弄，而是因為受到感召。對這些追隨者來說，他們採取行動的動機，完全出自內心。他們願意多花一點錢、忍受更多不便甚至困難，因為他們打從內心受到感召。能啟發別人的領導者，都擁有一批死忠粉絲——支持者、選民、顧客或員工等都是——這些人之所以願意以「大我」為重，並不是因為他們別無選擇，而是甘心樂意這麼做。

天生善於感召的組織及領導者為數不多，但樣貌多元。他們藏身於公私部門及各行各業，有些直接面對消費者，有些面對企業客戶。無論在哪個領域，他們在各自的行業都擁有超乎尋常的影響力。他們擁有最忠誠的顧客、最忠心的員工，獲利和創新的能力通常遠勝於同業。更重要的是，他們都能長久保持這些優勢。在這些領導者或組織當中，許多人改變了整個產業，有的甚至改變了全世界。

萊特兄弟、蘋果公司和金恩博士，只是三個重要的例子。哈雷機車、迪士尼和西南航空，則是另外三個例子。甘迺迪和雷根總統，也同樣深具感召力。無論在哪個領域發光發熱，他們都有一項共通點，那就是無論規模大小、行業為何，這些深具感召力的領導者或企業，幾乎擁有一樣的思維、行為及溝通模式。而這種模式剛好與一般人完全相反。

如果我們都能學會這種模式，我好奇這世界將出現什麼樣的面貌？我深深期待，有天這種能激勵熱情、啟發行動的能力，不再只是少數人的專利，而是多數人可擁有的能力。研究顯示，超過八成的美國人並未擁有自己理想中的工作。如果更多人都知道如何建立激勵型的組織，我們就能反轉這個比例，擁有一個超過八成人口都熱愛自己工作的世界。

熱愛工作的人，擁有較高的生產力及創新力。他們會帶著比較愉快的心情回家，家庭也會比較幸福；同時，他們對待同事及顧客的態度會更好。受到激勵而熱情洋溢的員工，能創造出更強大的企業和經濟體，這就是我寫這本書的原因，我希望能啟發更多人去做讓他們深受鼓舞、發揮熱情的事，好讓大家一起創造出植基於信任與忠誠度的企業、經濟體和世界。本書不是要告訴大家要「做什麼」或「怎麼做」，是要幫助大家探索行動背後的原由，找出最深層的動機。

如果你樂於接納新事物，希望成功能持久，也相信自己的成功需要別人的幫助，我向你提出一個挑戰——從今天起，做任何事情之前，請先問自己「為什麼」。

PART I

# 不探究「為什麼」的世界

01

# 假設錯誤
# 就不可能得到正確答案

冷冽的一月天，四十三歲的年輕領導者正宣示就任國家領導者。站在他身旁的是即將卸任的前元首，一位知名將軍，十五年前曾率軍參與那場德國最中落敗的戰役。這位年輕的國家領導者出身天主教家庭，之後的五小時，他校閱就職大典遊行，並一路慶祝到隔天清晨三點。

大家一定知道我說的是誰吧？那天是 1933 年 1 月 30 日，我說的年輕領導者是希特勒，不是各位大多以為的約翰·甘迺迪（John F. Kennedy）。為什麼要舉這個例子？因為我們常常不自覺就會根據一些不完整、甚至錯誤的資訊做出假設，來判斷我們的世界。在這個例子中，我提供的資訊並不完整，但許多人在我公布最後一項細節，也就是事情發生的年份之前，已經先認定我說的是甘迺迪。

這件事非常重要，因為我們的行為，深受內心假設或對事實的認知所影響，我們是根據自己「以為」的真相來做判斷。就在幾百年前，多數人都還以為世界真的是平的，這樣的認知大大影響了人類的行為，當時的人很少遠行，擔心跑太遠可能會不小心摔到地球邊緣之外，所以大部分時間都待在同一個地方。直到真相大白之後——地球其實是圓的——人類的行為才出現重大改變，開始穿梭世界各地，建立貿易路線，並進行香料交易等。至此，人類開始分享數學等新知識，各種發明和進步也大量湧現。只是單純修正一項簡單的錯誤假設，人類社會就能快速向前跨一大步。

現在想一下，人類的組織是如何形成、決策是如何制訂的？我們真的了解組織成敗的原因嗎？還是我們「自以為」了解這件事？無論你如何定義成功——股價多高、累積多少財富、營收或獲利多少、晉升到什麼職位、自己創業、做公益、參選公職等，大家達到目標的方法，通常都很類似。當然，有些人或許是湊巧成功，但多數人通常都得蒐集資訊，以便做出正確的決策。而這種資訊蒐集的過程有時比較正式，如進行調查或做市場研究時；有時則比較不正式，如找朋友或同事給建議，或參考自己過往的經驗等，以便釐清頭緒。無論過程或目標如何，我們都希望能做出明智、正確的決策。

但無論事前蒐集了多少資訊，我們也無法確保每項決策都正確。有時，錯誤的決策影響不大，有些卻可能帶來災難性的後果。無論結果如何，我們做決策時的根據，通常是我們對這個世界的認知，但認知卻可能完全錯誤，就如同本章開始的例子，很多人可能堅信我說的一定是甘迺迪。不但有人認為自己的猜測沒錯，甚至還願意打賭，直到我公布時間點，才知道自己的假設竟然完全錯誤。

根據錯誤假設而來的決策，不一定都會帶來負面結果。有時，當事情一帆風順時，我們以為完全知道原因，但事情真如我們所想的嗎？那可不一定。當事情完全如預期發生，並不表示我們可以一再重複這個成功經驗。我有個朋友在做投資，賺錢的時候，他覺得那是因為自己聰明過人、眼光獨到，但賠錢時，問題卻一定是出在市場。兩種邏輯我都能夠接受，但無法同時成立。他的成敗要不都是因為他的先知先覺或是盲點，要不就是純粹出於運氣，不可能兩者皆是。

那麼，我們要如何確保自己的決策一定能夠帶來最好的結果，而且是根據我們所能掌控的原因呢？邏輯上，關鍵在掌握最多的資訊和數據，所以我們閱讀書籍、參加研討會、聽播客、請教朋友和同事，都是為了了解自己該做什麼，以及該怎麼做。問題是，我們都碰過這樣的情況：在掌握了所有資訊及一堆絕佳的建議之後，事情的發展還是不如預期，不是好結果只維持了一小段時間，就是發生出乎意料的事。對於那些猜到希特勒的讀者，我提供的資訊，可以是描述希特勒，也可以是甘迺迪，所以，對於我們自以為了解的事，大家要特別小心，因為即使是根據嚴謹研究所做的假設，也可能完全誤導我們的想法。

基本上，我們都能同意：即使是坐擁最充分的資訊、獲得最睿智的建議，如果事情的發展還是不如預期，有時候是因為我們不小心忽略了某些微小但關鍵的細節。在這種情況下，我們必須回頭檢查所有資訊，甚至蒐集新資訊，以便釐清該怎麼做，再重新跑過整個流程。資訊多，不見得一定有幫助，尤其當整個流程是根據錯誤假設開始時。我們還必須考慮一些其他因素，它們存在於執掌理性分析、渴求新知的腦袋之外。

有時，當我們無法取得，或決定忽略所有資訊和建議，打算完全根據直覺來行事時，事情的發展竟然出奇順利，結果超好。這種直覺與理性不斷拔河的情況，充斥在我們的工作及生活中。我們可以不斷分析所有可行方案與選擇，但在考量過所有最好建議及最精確的證據之後，我們仍須回到原點，找出能解讀或選擇能重複創造成功的行動方案。那麼，究竟要怎麼做，才能擁有最精準的眼光，以及洞燭機先的能力？

## 長期成功，關鍵在一開始

我曾經聽過一個精彩的小故事，一群美國汽車業的高階主管，一起到日本車廠參觀生產線。在產線末端，車門終於裝上了，就跟美國車廠的生產線一樣，但有件事日本工人沒做。在美國，生產線的工人會在車門裝好之後，用橡膠槌拍打門沿，確認車門確實與車體緊密貼合，但日本車廠完全沒有這道程序。美國汽車業的高階主管疑惑地問，日本汽車生產線在哪道程序確保車門密合？日本車廠的導覽員靦腆地笑著回答說：「就在設計汽車的時候。」

換言之，日本車廠不會用敲打的方式來檢查車門是否密合，他們不用蒐集資料來找出最好的解決方法，他們從一開始就設計好自己想要的結果。如果結果不如預期，他們也知道問題一定出在生產流程開始前的某個決定。

無論美國車或日本車，汽車從生產線出來時，車門都能與車體緊密貼合。但日本車廠不必雇用一批工人來敲打車門，也不必採購一大堆橡膠槌。更重要的是，日本車的車門似乎比美國車還耐用，遇到車禍時可能還更安全可靠。這所有的一切，都是因為日本人從一開始就確保這件事會發生。

美國車廠的橡膠槌，象徵許多個人及組織的領導模式：碰到計劃之外的問題，就快速採取一連串的補救措施，來達到原先冀望的結果。但這些補救措施真的可靠嗎？有太多組織都是活在以橡膠槌達成有形目標的世界裡。看看那些以更少人力和資源，來獲得更高成就、擁有不凡影響力的人或組織，卻能夠始於初衷——從開始就把事情做對，打造出完全符合理想的商品和企業，並堅持雇用符合需求的人員。從表面上來看，最後的結果似乎沒什麼差別，但偉大的領導者都知道，價值藏在一般人眼所未見之處。

我們下的每道指令、布署的每項行動、渴求的每個結果，其實都始於同一個起點：某項決策。有些人決定在最後階段，以不斷敲打車門來讓它密合，來達到希望獲得的結果，有些人則從完全不同的地方起步。短期而言，兩種做法的結果似乎差不多，但只有一種能創造長期成功，而關鍵則在一般人看不到的因素上。這些人了解，完美的車門始於設計，不是靠事後的調整或補救。

02

# 胡蘿蔔和棍子
# 利用人心弱點的操弄手法

今天，幾乎沒有哪項產品或服務，是顧客在別處買不到的。市場上充斥著價格、品質和功能都類似的競爭品。即使你真的擁有領先優勢，恐怕也撐不了幾個月，只要你推出新創產品，別人一定很快模仿，品質甚至更勝一籌。

問問多數企業，消費者為何成為他們的顧客，他們多半回答，是因為他們的品質、功能、價格或服務高人一等。換句話說，大多數企業根本不知道確切答案，這件事有趣極了，如果企業不知道顧客為何選擇他們，恐怕也不會知道員工為何選擇留在公司。

如果大多數企業不知道顧客為什麼成為他們的顧客，或員工為什麼選擇在此工作，又如何吸引更多員工，或增加現有員工的忠誠度？事實是，當今多數企業多是根據不完整、甚至完全錯誤的假設來做決策，根本搞不清楚推動企業發展的真正動力為何。

**影響人類行為的方法只有兩種：操弄（manipulate）或感召（inspire）。**操弄不一定是負面的，而是常見且良性的手段。事實上，許多人從小就開始運用這個方法，比方說，「我會當你最好的朋友」就是一個非常有效的談判策略。自古以來，小孩常用這種方法從同伴手中取得自己想要的東西，任何曾以手上糖果換來一位新朋友的孩子都會告訴你，這招真的很管用。

從企業界到政治界，各種操弄手法無所不在，變身為五花八門的業務行銷技巧。典型的操弄手法包括：打價格戰、促銷方案，利用恐懼心理、同儕壓力或渴望等，或承諾創新來影響別人的購買或投票等支持行為。當組織不清楚為什麼顧客會選擇自己，通常就會藉由大量的操弄手法來達到目標。他們這麼做的理由很簡單，因為操弄很容易達到目標。

## 廝殺慘烈的價格戰

很多企業並不喜歡運用價格策略，卻不得不做，因為真的有效，所以企業通常難以抗拒誘惑。碰到一筆潛在的超級生意時，絕大多數業者都會急著使出降價策略，想一舉簽下眼前的大客戶。無論他們如何對自己或對客戶解說商品有多好，價格就是極為有效的操弄手段。只要價錢降得夠低，消費者自然會買你的商品，所以每到季末，就會有「破盤出清」的活動。價格降得夠低，貨架可以很快清空，好騰出空間，讓新一季的商品上架。

然而，價格戰也可能帶來驚人的代價，甚至讓公司陷入兩難的困境。對賣方而言，價格戰猶如海洛因，短期獲利讓人非常振奮，但用多了，絕對會有反效果。一旦買家習慣了低價，就很難讓他們付出較高的價錢。當賣家面臨愈來愈大的削價競爭壓力時，只能一再犧牲利潤，逼得他們不得不以薄利多銷的方式來彌補利潤缺口。但是為了多銷，最簡單的方法當然還是降價，於是削價競爭的惡性循環變得牢不可破。

在毒品的世界，上癮者被稱為毒蟲；在企業界，相對的稱呼則是大眾商品（commodities），保單、家用電腦、電信服務，以及各式各樣的消費性包裝產品都是。可以用來打價格戰的大眾商品多不可數，讓自家產品淪為大眾商品的企業，大都是自找的。我無意爭論降價對於提升業績的有效性，問題是，你必須能夠保持獲利。

以價格戰這點而論，沃爾瑪似乎是個例外。他們以削價競爭策略，建立了一個極為成功的企業，但也付出不小的代價。經濟規模讓沃爾瑪得以避免削價競爭與生俱來的弱點，但他們沉迷於低價策略，也讓公司醜聞纏身、信譽受損。沃爾瑪每樁醜聞都源於希望降低成本，以便保持低價策略。

低價永遠有代價，問題是，你願意為自己賺進來的錢，付出多少代價？

## 目眩神迷的促銷方案

通用汽車的願景，是希望成為美國汽車市場的領導品牌。1950 年代，美國有四家主要車廠：通用、福特（Ford）、克萊斯勒（Chrysler），以及美國汽車公司（AMC）。在外國車進入美國市場以前，通用汽車確實稱霸美國車市，但新加入的競爭者讓通用汽車愈來愈難維持業績目標。不過，雖然汽車市場在過去五十年產生了劇變，通用汽車在二十世紀還是勉強守住了霸業。

但從九〇年代開始，日本豐田汽車在美國的市占率成長一倍以上，到了 2007 年，市占率更從 7.8%躍升為 16.3%。通用汽車的市占率卻從 1990 年的 35%，大幅滑落至 2007 年的 23.8%。2008 年初，對美國人而言，難以想像的事情發生了：美國消費者購買的進口車數量，竟然超越了本土車。

1990 年代起，為了面對日本車的競爭，通用等美國車廠開始祭出各項優惠，以挽救不斷下滑的市占率。通用不但猛砸廣告，更推出五百至七千美元不等的現金回饋方案，吸引顧客購買他們的車輛。促銷策略果然奏效，而且成功了很長一段時間，通用汽車的銷量重新回溫。

但長期而言，這些優惠方案卻大幅侵蝕了通用的獲利，落入賠本競爭的黑洞。2007 年，通用每賣出一輛汽車，就虧損 729 美元，罪魁禍首就是他們的優惠方案。他們知道這種銷售模式無法長久，於是宣布將調低現金回饋，但一調低回饋，銷量立刻暴跌。沒有現金，就沒有顧客，而美國汽車業等於親手培養出顧客對現金回饋的嚴重癮頭，創造了絕對不肯以「原價購買」的消費習慣。

無論是「買一送一」或「內附玩具」，促銷的操弄手法無所不在，普遍到我們不認為這是操弄方式之一。舉個例，下次當你要購買一台數位相機時，請注意自己是怎麼做決策。你很容易就能找到幾項完全符合自己要求的產品，無論是尺寸、畫素、價格、品牌等，樣樣皆讓你感到滿意。但假設剛好其中有項正在進行促銷，可能是附贈相機套或記憶卡，由於這些產品的功能和品質幾乎一模一樣，這個小小的贈品，可能就成為你做決策的關鍵因素。在企業對企業交易的世界裡，促銷被稱為「附加價值」，免費提供一些好處，好拉攏別人跟你做生意。和打價格戰一樣，促銷這招也很管用。

促銷活動的操弄，在零售業這塊根深蒂固，甚至還特別為其中一項手法取名字。「冤大頭」（breakage）就是在形容沒有善用促銷方案而以原價購買商品的顧客，這群人通常懶得花時間去完成各項可以換取折扣或紅利的步驟。業者把這些步驟設計得既麻煩又複雜，目的就是讓顧客因為容易犯錯或懶得處理而錯失優惠，有利提升「冤大頭」的比例。

至於折退現金的方案，通常都會要求顧客寄回收據，或剪下產品包裝條碼，並填妥現金回饋單，上面要說明一大堆購買細節。只要顧客不小心剪錯條碼，或是漏填表單上的欄位，就可能延後退款時間，甚至讓申請完全失效。使用這項操弄手法的行業，也把懶得申請退款，或根本沒把退款支票拿去兌現的顧客比例，稱為「懶人率」（slippage）。

對企業而言，現金回饋等操弄手法的短期效益非常明顯，讓原本不打算買東西的顧客，覺得能獲得部分退款而以全額買下商品。然而，近四成顧客卻從未真正獲得優惠，他們懶得行動的代價，就是零售業者的獲利來源。政府早已開始加強對退款業者的監督，但績效不彰，退款手續依舊繁瑣，賣家依然坐收消費者未成功兌換的獲利。這是以操弄手法來獲利的極致，但它的代價究竟是什麼？

## 恐懼是最強而有力的操弄

如果某人口袋裡放了根香蕉，假裝持槍搶銀行，他還是會被控持槍搶劫的罪名。雖然沒有人有被槍擊的危險，但因被害人「相信」搶匪擁有真槍，而必須接受法律制裁。搶匪深知受害者會因為恐懼而順從要求，因此刻意讓受害者心生畏懼。換言之，無論造成恐懼的原因是真或假，恐懼絕對是最強而有力的操控手段。

「從來沒有人因為採購 IBM 電腦而被炒魷魚」，這支早期廣告描述的，完全是一種出於恐懼的行為。採購人員的職責，是要為公司找到最合適的電腦，可不能因為廠商的規模和知名度較小，就拒絕功能、價格都很好的產品。這種只要事情稍有差池，就會危及飯碗的恐懼（不論原因是真或假），強大到會令採購人員違反基本職責，甚至做出不符合公司利益的判斷。

當人們心生恐懼時，「事實」是什麼，似乎變得無關緊要。恐懼源自人類的求生本能，事實或數據很難輕易將它驅除。這也是恐怖主義容易得逞的原因，大家之所以惶恐不安，並不是因為被恐怖份子攻擊的機率在統計上有多高，而是這件事真的有可能發生。

恐懼是非常強勢的操弄手段，但使用的人並不是都出於惡意。我們利用恐懼心理來教養孩子，並鼓勵人遵守道德規範。許多社教廣告更以恐懼來達到目的，包括大部分提倡兒童安全、防範愛滋，以及乘車繫安全帶的廣告等都是。八〇年代的電視觀眾，經常看到大量的反毒廣告，其中一支警告青少年千萬不可吸毒的廣告常被模仿。一名男士手拿一顆白淨的雞蛋，說：「這是你的大腦」，然後他將蛋打進沸騰的油鍋裡：「這是你吸毒之後的大腦……大家還有問題嗎？」

另一支廣告也是希望嚇阻青少年：「古柯鹼不會讓你變性感……只會讓你死狀悽慘。」同樣地，當政治人物說對手一定會加稅，或削減執法單位預算；當晚間新聞不斷提醒你，想保護你的健康及安全，就要準時鎖定十一點新聞，兩者都是藉由散布恐懼的種子，希望爭取選民或觀眾的支持。

企業也會試著挑動顧客的不安全感，期望販售更多商品。通常傳達的訊息都是：不買某項產品或服務，小心會有壞事發生。比方說，某家心臟專科醫院的廣告警告：「每三十六秒，就有一人死於心臟病。」居家汙染檢測公司的車身廣告這樣宣導：「你家是否潛藏有毒氣體？你鄰居家就有！」打開電視或報紙，保險公司也希望你能儘早獲得保障，「以免一切太晚」。

如果有人曾經警告你，不買某某商品要「當心後果」，他無異是用語言的槍枝抵著你的腦袋，幫你認清他們的商品為什麼比競爭對手更有「價值」。或許，他拿的只是一根香蕉而已，但這招確實很管用。

## 令人心嚮往之的渴望

馬克．吐溫說：「戒煙是我做過最容易的事，因為我已經戒幾百遍了！」如果恐懼驅使我們遠離可怕的事，渴望則激勵我們勇敢追求想要的東西。行銷人員經常強調渴望的重要，他們提供的商品，都是希望能幫助人們達成特定目的。諸如：「六步驟打造快樂人生」、「輕鬆擺脫小腹贅肉，穿上你夢想中的洋裝！」、「六週致富祕訣大公開」等，這些都是操弄手法，以我們所渴求的東西、想成為的人來誘惑我們。

渴望的本質是正面的，它對自我約束力不佳，或容易心生畏懼，擔心無法靠一己之力來完成夢想的人特別有效（其實每個人在不同時候，因為不同因素，都會產生類似的問題或恐懼。）我常開玩笑說，你可以運用渴望心理煽動一個人加入昂貴的健身中心，但要那個人每週三天出現在健身中心，絕對需要另外的特殊激勵。已經擁有健康作息或運動習慣的人，恐怕不會對「六步驟輕鬆瘦身」有興趣，真正會動心的，其實是生活習慣不良的人。

許多人為了理想的體態，嘗試各種節食方法，卻屢戰屢敗——這早已不是什麼新聞。不管什麼養生妙方，都要求人們必須固定運動，並保持均衡飲食來協助達成目標。換句話說，就是要有紀律。每年一月，健身中心的會員人數都會大增12%，因為大家都希望實踐新年新希望，今年可以養成健康的生活習慣。但到了年底，志向遠大的健身中心會員，只有少數保持固定運動的習慣。儘管煽動渴望的訊息，確實激勵我們採取行動，但卻持續不久。

煽動渴望不僅在消費市場有用，在企業界也同樣管用。無論企業規模大小，所有主管都希望公司蒸蒸日上，他們制訂決策、聘請顧問、積極實行各種制度，來幫助達到理想中的目標。但十之八九，問題並非出在他們所實行的制度，而是堅持到底的能力。我就有不少慘痛經驗，多年來，我訂過不少制度及規範，希望幫自己獲得一心「渴求」的成功，但不出兩個禮拜，就會發現我又回到原點、重拾「老習慣」。我一心想要找到真正可以幫助自己達成各項目標的方法，但就算真有這種方法，恐怕我也堅持不久。

這種以短打策略來回應長期目標的情況，在企業界普遍存在。我有位擔任企管顧問的朋友，受聘於一家市值數十億美元的大企業，協助他們達成目標、實現願景。問題是，不論遇到什麼問題，這家公司的主管總是選擇比較快和廉價的解決方式，而非真正的長期解決方案。我這位朋友形容該公司主管，就像一再嘗試各種節食方法的人：「永遠沒有時間或金錢，在一開始就把事情做對，但卻總是有時間和金錢，一再重新開始。」

## 不能落後的同儕壓力

「五位牙醫中，就有四位選擇T牌口香糖」，一支廣告極力說服你去嘗試他們的口香糖。「某所頂尖大學的試用研究顯示⋯⋯」，另一支深夜廣告這樣開頭。「專家都愛用，你當然也應該選它！」，「超過一百萬消費者的滿意經驗證實⋯⋯」，一支又一支的廣告，運用的都是某種形式的同儕壓力。當市場行銷專家說，多數人或某些專家偏愛他們的商品時，就是希望消費者能相信，他們的商品真的比別家好。同儕壓力有效，是因為我們相信多數人或專家可能真的比我們懂得多；當然，這些人不見得永遠是對的，只是我們擔心自己會犯錯。

名人代言有時會被用來加強同儕壓力的行銷力道，我們會這麼想：「如果他也使用這項產品，那應該不錯。」有些名人代言確實有道理，例如老虎伍茲代言 Nike 的高爾夫產品及知名品牌 Titleist 的高爾夫球（事實上，Nike 就是因為老虎伍茲的代言而順利打進高爾夫市場。）但老虎伍茲同時也為通用汽車、企管顧問公司、信用卡、食品，及瑞士豪雅名錶某款「專為高爾夫球愛好者」所設計的錶款代言。那隻錶號稱能承受 5000GS 的撞擊測試——但這種力道應該是高爾夫球承受的，而非打高爾夫球的人可能碰到的衝擊力。但無論如何，老虎伍茲既然代言推薦，那就應該是一支很棒的錶。

明星代言常能激發人們的渴望，希望自己也能像代言人那麼棒，最經典的例子就是 Nike「我也想成為喬登」的大型廣告活動。這個廣告訴求青少年如果選用 Nike 的產品，將來長大就會變得跟麥可．喬登一樣厲害。然而，許多名人代言卻讓人難以理解其中的關連性。比方說，知名電視影集《法網豪情》（Law & Order）男主角山姆．華特森（Sam Waterston），受邀為大型網路證券交易商 TD 美國交易公司（TD Ameritrade）代言。但電視上專門讓殺人犯伏法的英雄，究竟對網路證券交易有何特殊說服力？或許他代表的是「值得信賴」吧。

並非只有追求認同的青少年，容易受同儕壓力影響，我們多曾被強迫推銷過。你是否曾經碰過賣辦公設備的業務員，一再強調你的競爭者有 70%都在用他們的產品——所以，你怎麼還不趕快跟進呢？但如果這 70%的競爭者都做錯決定呢？或是這 70%的人都得到某些好處，可能享受了超低價格，才無法拒絕誘惑呢？這種操弄方式只有一個目的：給你壓力，要你購買，讓你覺得自己可能錯過了什麼，或所有人都知道某件事，只有你一個人被蒙在鼓裡。因此，最好趕緊跟上腳步，千萬不能落後，對吧？

我媽媽曾經說過：「如果你的朋友都把頭伸進烤箱裡，你也要跟著做嗎？」不幸的是，如果有人真的付錢讓喬登或老虎伍茲把頭伸進烤箱，這件事恐怕還真的會形成風潮。

## 只是新鮮，不算創新

「設計和工程上皆有精湛創新，摩托羅拉的最新手機，創造了許多『第一』。」2004 年的一份新聞稿宣布摩托羅拉推出手機市場中最具競爭力的新產品：「結合航太鋁合金等新材質，內建天線和化學蝕刻鍵盤等劃時代的新技術，造就一支只有 13.9 毫米的超輕薄手機。」

它確實一炮而紅，上百萬消費者爭相搶購。明星驕傲地在紅地毯上揮舞著手中的摩托羅拉 RAZR，還有一兩個首相也被捕捉到用它講電話的畫面。RAZR 銷量超過五千萬台，看似空前成功。摩托羅拉前執行長艾德．桑德（Ed Zander）如此盛讚新寵：「超越大眾對手機的期待，RAZR 充分展現摩托羅拉推出革命性創新產品的輝煌歷史，為無線產業的未來產品設下新標竿。」這支手機確實為摩托羅拉帶來了驚人的獲利，顯然是跨時代的創新之作。

但真是如此嗎？

不到四年，桑德黯然下台，摩托羅拉的股價腰斬，眾多競爭產品很快超越 RAZR 的特色及功能。摩托羅拉再度落入手機業的紅海，拚命跟其他業者爭食大餅。跟許多企業一樣，摩托羅拉誤將新奇與創新混為一談。真正的創新，能夠徹底改變產業，甚至整個社會，電燈泡、微波爐、傳真機和 iTunes，都是最好的例子。這些才是真正的創新，它們徹底改變了人類的工作及生活方式。iTunes 從根本面挑戰音樂產業運作模式，迫使音樂產業改變做生意的方式。舉例來說，為手機增加照相功能，並不是創新，只是一項很棒的功能，不足以顛覆整個產業。

用這個定義來檢視摩托羅拉對新產品的描述，也只能算是一些新特色，金屬外殼、隱藏式天線、平板鍵盤、超薄機身，這些還稱不上「革命性的創新」。摩托羅拉確實成功打造了最新、最酷，讓人眼睛為之一亮的新產品，但這只能維持到下一個更酷的新產品出現為止。這些功能頂多只是「新奇」，不是「創新」。為產品進行差異化，並非創造顛覆新產品，這當然不是件壞事，但別想靠它來創造任何長遠價值。「新奇」有助於銷售，RAZR 證明了這點，但效果不長久。如果一家公司頻頻為產品增加新功能，就會和進行價格競爭差不多，想靠這點來達到產品差異化的效果，結果會使產品愈來愈像一般消費性商品，無特出之處，最後落入惡性循環的深淵。

1970年代，高露潔只生產兩種牙膏，但在激烈的競爭下，銷量開始下滑。於是，高露潔推出新產品：含氟牙膏，然後不斷再推新品，美白、潔淨、三色、抗敏牙膏等都是。每種新產品都有助於提升銷量（至少一段時間），於是一個循環出現了，大家猜，今天高露潔總共有多少種不同牙膏？三十二種！這還不包括四種兒童牙膏。根據競爭原則，這表示高露潔的對手應該也都有數量相當的牙膏，而且品質、效果和價格都差不多。換句話說，今天我們每個人可以選擇的牙膏種類簡直多得嚇人，但沒有任何資料顯示，大家每天刷牙的次數比七〇年代多。感謝這些所謂的「創新」，為自己選擇正確的牙膏，幾乎已經成了現代人不可能的任務。正因如此，高露潔甚至在公司官網上增加一項功能：「幫你選牙膏」，面對這麼多選擇，我們的確需要一點幫忙，但去賣場採購時又該怎麼辦？那裡可不見得有網站可以幫忙。

廠商不斷推陳出新商品，誘使我們試用或購買產品。這些公司宣稱的「創新」，其實只是新點子而已。而且，不只是消費性商品產業會仰賴新點子來誘惑顧客，其他產業也屢見不鮮，這個方法雖然管用，卻很難真正培養出顧客的忠誠度。

蘋果的iPhone取代了摩托羅拉的RAZR，成為新一代必買手機。然而，無按鍵、觸控螢幕等精彩的新功能，並非iPhone真正創新之處，其他業者很容易跟進，而且也無法顛覆整個手機產業。但蘋果確實做到一件非常重要的事情，不僅領導手機設計，還改變了整個產業的運作模式——這正是典型的蘋果作風。

過去在手機產業，決定手機功能及特色的人並非手機製造商，而是電信業者。也就是說，摩托羅拉、諾基亞、易利信、LG等品牌的手機可以擁有哪些功能，其實是聽命於T-Mobile、威瑞森電信（Verizon Wireless）、史普陵特（Sprint Nextel）及美國電信電報公司（AT&T）。但手機市場突然出現一顆蘋果，大聲宣布手機應該擁有哪些功能，是他們說了算，電信公司也必須聽從。而美國電信電報公司是唯一同意與蘋果合作的電信公司，所以贏得iPhone這項新科技產品的獨家配合權。這種產品才能為產業帶來影響深遠的改變，和那些只能用一點新奇感來短期推升公司股價的產品，完全不同。

## 操弄付出的代價

不可否認，操弄確實很有用，每種操弄手法都可以影響顧客的行為，也都能幫助一家公司成功，但這要付出代價。沒有一種操弄手法能創造真正的顧客忠誠度，操弄得愈久，代價就愈高，所有好處都只是短暫的，而且只會給買賣雙方帶來愈來愈大的壓力。如果你的口袋特別深、不在乎多付點錢，或是你只想創造短期效益，完全不考慮長遠後果，那麼，操弄確實是完美的策略與手段。

除了企業界，操弄在政治界也極為普遍。正如適當操弄可以提升銷量，但無法創造忠誠度，它也能幫助一位候選人當選，卻無法建立起領導基礎。領導是要讓人無論順境逆境都願意追隨。領導力是一種能夠長久凝聚眾人的能力，而非只是單一事件。在企業界，領導力代表即使公司出了一點差錯，顧客仍會忠心支持你。但如果操弄是你們唯一的策略，到了顧客必須做下一次採購決策時，你們要怎麼做？當選後，又該做何打算？

重複購買與忠誠度，絕對不是同一件事。重複購買是指別人不只一次與你做生意，忠誠度則代表顧客寧可拒絕更好的商品或價格，選擇持續支持你的產品。忠誠的顧客通常不會研究你競爭對手的商品，或是考慮別的選擇。讓消費者重複購買很簡單，用一點操弄手法就可以，但贏取忠誠度卻很不容易。

各種操弄手法已成為美國企業界的主流行徑，許多人甚至完全戒不掉這惡習。就像任何成癮行為，他們根本不想要清醒，只想更快找到更多毒品，滿足毒癮。立即的滿足感雖然非常迷人，但絕對會嚴重影響組織的長期健康。由於身陷短期效益無法自拔，今天的商業行為，已經成為短期操弄手法的總合。這些短期手法已經複雜、精細到甚至出現專門產業，發展出精緻的統計方法及科學化的作業流程。比方說，直效行銷公司甚至能計算出企業所寄出的廣告傳單中，哪些字眼產生最大的效果。

推出「郵寄退款」（mail-in rebate）的公司，深知這種促銷手法很好用，也知道退款金額愈高，促銷效果就愈好。他們當然知道退款促銷的成本，所以為了保持獲利，許多廠商必須確保「冤大頭」及「懶人率」維持在一定數字之上。正如毒品品質及短期興奮感對毒蟲極為重要，使用這項操弄手法的廠商也難以抗拒誘惑，將退款手續變得更繁瑣、困難，想盡辦法降低退款顧客的比例。

韓國電子大廠三星便是此道高手，2000 年初期，針對許多產品進行退款促銷，某些產品的金額甚至高達一百五十美元。但他們在產品的退款方案中提出，每個住址只能享受一次退款優惠，乍看之下，這個規定似乎頗為合理，但實際上，只要一棟公寓大樓有位住戶申請退款，其他住戶立刻就會喪失申請資格。因為這個原因，受到三星拒絕退款的顧客人數超過四千人以上，於是有人向紐約地檢署提出投訴，在 2004 年，三星被勒令支付二十萬美元退款給住在公寓大樓的顧客。這是比較極端的例子，三星因為被檢舉而付出代價，但郵寄退款的行銷手法依然猖獗。當一家公司這麼精心設計，好讓顧客因為各種原因無法享受優惠時，還能心安理得地宣稱自己是「以顧客權益為核心」嗎？

## 忠誠度，無法操弄

某支電視廣告的台詞是：「很簡單，只要將您的舊金飾放入回郵信封，兩天內我們就會奉上支票。」「我的黃金信封」（Mygoldenvelope.com）是美國黃金回收業的佼佼者，他們專門出價回收顧客的舊金飾、送去鎔化之後，再製成新品放回市場販售。

當道格拉斯・費爾斯坦（Douglas Feirstein）和麥克・默蘭（Michael Moran）創立公司時，一心想成為業界典範。他們想改造大家對當鋪得既定印象，賦予它一些 Tiffany 的光彩。他們投資很多錢，希望打造完美的交易，創造出最理想的顧客體驗。兩人過去都有成功的創業經驗，也深知打造優秀品牌及顧客體驗的重要性。他們投入不少本錢，希望做到最好，也在全美各主要電視台打廣告，宣傳自己：「價錢和服務，都比別家好。」他們所言不假，但效果卻不如預期。

幾個月之後，兩人有了大發現：幾乎所有顧客都只會和他們做一次生意。他們行業的本質，原本就是一次性交易，但他們卻努力想為顧客提供更多價值。於是，他們決定不再試著讓自己的服務「比別家好」，只要「夠好」就行。由於多數人都不太可能成為常客，顧客並不會把他們公司拿來跟其他業者深入比較，所以他們只要和顧客順利達成交易、提供愉快的服務，讓顧客願意幫他們推薦就夠了。發現自己不必投資建立顧客忠誠度，只需把力道放在促成一次性交易，公司的營業效率及利潤立刻大增。

對於一次性交易的行業而言，胡蘿蔔和棍子就是最好的策略。當警察向民眾提供破案獎金時，他們並不希望與目擊證人或提供線索的民眾建立長久關係，它是典型的一次性交易。當你為家中走失的貓咪提供尋回獎金時，你也不打算和找到貓咪的人建立長久關係，你只想把貓咪找回來而已。前面討論過的各種操弄手法，是促成交易非常有效的方法，也是激勵一次性或偶發行為的極佳方法。警方懸賞的目的，只是要讓目擊者願意提供足以逮到嫌犯的線索或證據，正如所有促銷活動，只要獎勵夠高、足以讓人冒險嘗試，操弄手段就可以奏效。

但如果你要的不只是一次性的交易，而且希望建立忠誠度或長期關係，操弄手段就派不上用場了。舉例來說，候選人要的是你這次投他，還是你的長期支持？觀察目前的競選手法，大部分候選人追求的好像只是當選，例如使用攻擊對手的負面文宣、大量討論單一議題，或是不惜運用恐懼心理或煽惑手法等，這些都足以反映候選人的短線心態。選舉操弄或許可以讓他們當選，卻無法培養一群忠實的支持者。

美國汽車業曾付出慘痛代價才學到這個教訓：以各種操弄手法來經營事業，代價極其高昂。在經濟繁榮、民眾都有錢的時候，操弄似乎非常有效。但當市場發生重大變化，操弄的代價就會變得非常昂貴。2008 年石油危機爆發時，汽車業的促銷及獎勵措施一夕垮台（1970 年代也發生過同樣的情形）。操弄手法能夠創造出多久的短期利益，完全取決於經濟景氣能夠撐多久。這絕非經營企業最穩當的方法，因為經濟景氣不可能永不衰竭。忠誠度高的顧客較不容易受到別家公司促銷手段或優惠方案的誘惑，但這種價值在景氣旺、生意好的時候並不容易被察覺，只有在艱困時期，才會顯得彌足珍貴。

操弄很管用，但所費不貲，當沒有錢操弄時，缺乏忠實顧客，會讓你受傷更慘重。九一一事件之後，美國西南航空收到許多顧客寄來的支票，用來表達他們的支持。其中一張千元支票，還附了張紙條表示：「多年來，你們為我提供很大的幫助，在這個艱困時刻，我希望以少許協助，來表達我的感謝。」西南航空收到的支票，對公司營運而言，當然是杯水車薪，但它們代表了顧客對公司的深厚情感，他們與西南航空產生了一種夥伴關係。許多顧客並沒有寄支票給西南航空，但他們的忠實支持卻產生了長遠的影響，西南航空一直是有史以來獲利最高的航空公司。

擁有一群忠實的顧客及員工，不僅有助於降低營運成本，更可以讓你獲得踏實感。正如忠實的好朋友，你知道顧客和員工在你最需要他們的時候，一定會陪在你的身邊，能給你很大的信心。能夠創造出這種同舟共濟的情感，在顧客與企業、選民與候選人、老闆與員工之間建立深刻連結，正是偉大領導者的最佳定義。

相對而言，操弄只會帶來巨大壓力，對買賣雙方都一樣。對消費者而言，我們愈來愈難判斷，到底哪項產品、服務、品牌或公司才是最好的。前面我拿牙膏開玩笑，說明現代人要選對牙膏是一件多麼困難的事，但那只是個比喻。我們每天得做的每個決定，幾乎都和選牙膏一樣困難——選律師、大學、汽車、工作等，選項實在太多，令人眼花撩亂。那些用來引誘我們的廣告和促銷手法等，全都經過精心設計，希望打敗對手，讓我們心甘情願掏錢來買或投票支持。這些力量最終只會帶來一種結果，那就是壓力。

企業本身承受的壓力更大，他們的責任是幫我們做決定，而這件事的難度也愈來愈高。對手每天都推出更新、更好的產品，所以每天都得想新的促銷方案、新的游擊行銷手法和產品功能來應戰，真的非常辛苦。加上長年使用的短期策略所累積的負面影響，早已不斷侵蝕公司的獲利空間，也在組織內形成極大的壓力。當操弄變成常態，所有人都是輸家。

難怪今天每個在職場打滾的人所承受的壓力，都比從前大得多。彼得・威柏（Peter Why-brow）在《美國病：永不知足》（*American Mania:When More Is Not Enough*）一書中指出，我們今天所承受的許多病痛，其實跟不健康的食物，或飲食中的氫化油都沒有太大關係；相反地，我們的病痛其實和商業發展所引發的巨大壓力有關。目前罹患腸胃潰瘍、憂鬱症、高血壓、焦慮症及癌症的人口比例，都創下歷史新高。根據威柏的研究，這種「再多一點、再多一點」的心態，已經讓我們大腦的報償迴路不堪負荷。驅動經濟發展的短視近利，其實正在摧毀所有人的健康。

## 有用，不見得就正確

刻意操弄的危險，在於它的確管用。就因為有用，所以成為常態。不論規模大小，絕大多數的組織都會運用操弄手法，光是這個事實，就足以形成系統性的同儕壓力。最諷刺的是，身為操弄者的我們，反而被自己創造出來的系統無情操控。每次的降價、促銷，以及各種出於恐懼或煽動的訴求，或是任何閃亮亮的新玩意兒，都不斷在弱化我們組織及社會制度。

2008 年的全球金融海嘯，是另一個極端的例子，它讓我們深切明白，任由錯誤假設不斷發展所可能帶來的後果。房市崩盤及銀行倒閉潮，全都肇因於金融機構內的某些決策，而這些決策的基礎，正是一連串的操弄。員工受到紅利的操控，鼓勵他們做出短視的決定。毫無節制的放款，鼓勵各階層的民眾大膽買下根本負擔不起的房子。忠誠度蕩然無存，取而代之的是源源不絕的短期交易——有效，但代價極高。幾乎沒有人在考慮整體利益——為什麼要考慮？沒有任何理由要這麼做。除了立即的滿足感，別無原則和信仰。金融業者不是唯一被自己成功壓垮的人，美國汽車業者也是。當各種操弄花招百出、短視決策重複出現，最終一定會扭曲、甚至崩盤。

的確，在今天的世界裡，操弄就是常態。但我們還有另一種選擇。

PART II

# 長久成功的單行道
# 黃金圈法則

03

# 吸引力的祕密，來自黃金圈

有些領導者選擇以激勵人心，而非操弄手段來促使別人採取行動。無論個人或組織，這些感召力超強的領導者，思維、行為及溝通模式幾乎完全一樣，而且剛好和一般人都相反。無論是出於有心或無意，他們完全符合自然界的一種模式，我稱為「黃金圈」原則（The Golden Circle）。

黃金圈的概念，源自「黃金比例」（即 1.618）的啟發，雖是簡單的比例，卻讓人類史上無數的數學家、生物學家、建築師、藝術家、音樂家及自然學家深深著迷。從古埃及人、發現畢氏定理的古希臘數學家畢達哥拉斯（Pythagoras），一直到達文西，無數人都曾運用黃金比例來推演各種事物，甚至是「美」的公式。它告訴我們一個重要的概念，就是大自然比我們想像的更有秩序，從葉片上對稱的紋路，或是雪花的完美對稱六角形皆可看出。

「黃金比例」別具意義，是因為它適用於太多不同領域，

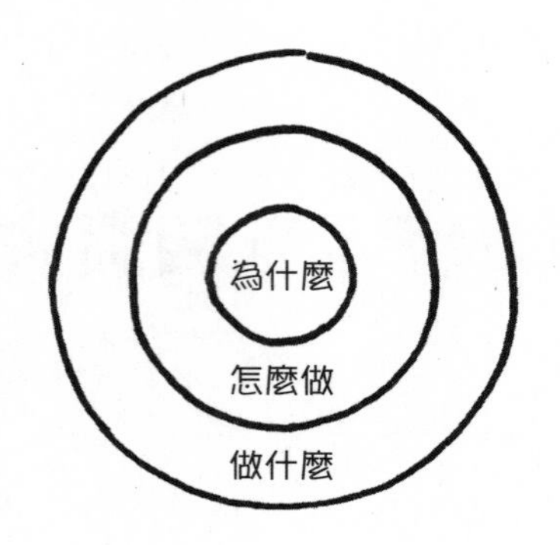


更特別的是，它給了我們一套公式，在許多人類過去以為純屬巧合或隨機發生的事情上，創造出可重複或可預測的結果。對大多數人而言，「大自然」幾乎就是不可預測的代名詞，但大自然也展現了遠超乎我們想像的秩序。正如黃金比例為看似無序的大自然提供了秩序存在的證據，黃金圈也在人類行為中，找到某些規則及可預測性。簡言之，它讓我們了解自身行為背後的原因，讓我們看清楚，如果凡事都從「為什麼」開始，我們每個人都能獲得更大的成就。

黃金圈有助我們從不同角度理解，為什麼某些領導者及組織，能擁有非比尋常的影響力。它不但解釋蘋果為何能在不同領域成功創新、經得起時間考驗，也說明為何有這麼多人會願意把哈雷機車的標誌刺在身上。它讓我們明白，西南航空為什麼能在競爭慘烈的美國航空業成為最會賺錢的公司，也讓我們了解為何有那麼多人會追隨金恩博士，或是全心支持甘迺迪總統把人類送上月球的計劃，即使在他遇刺身亡後也沒有放棄。黃金圈讓我們看到，這些領導者如何激勵別人奮起行動，而非企圖操控別人的行為。

與世俗手法相比，這個另一種選擇，不僅對改變世界大有幫助，也能讓各行各業的人獲得激勵別人的能力，改善管理品質、企業文化、人力資源、產品開發及行銷業務等。黃金圈甚至能解釋人類的忠誠度，說明如何創造強大動能，將一個概念發酵為波瀾壯闊的社會運動。而這一切都必須由內而外，從「為什麼」開始。深入討論之前，我們先定義某些名詞。在上一頁，各位看過黃金圈的圖示，讓我從最外圈開始。

- **做什麼（What）**：無論規模大小、身處哪個行業，世界上任何組織都知道自己是做什麼的。每個人都能說明公司提供什麼商品，或自己在組織內負責什麼工作。換言之，我們很容易就能定義「做什麼」。

- **怎麼做（How）**：有些公司知道怎麼做自己的工作，這些做事方法的定義，「價值主張」、「專業流程」、「獨特賣點」等，大家通常是用怎麼做來解釋為何某些事物不同或優於其他事物。雖然答案不像做什麼那麼明顯，但很多人以為怎麼做就是產生不同決策或結果的主因，事情絕沒有這麼簡單，因為還有下列這項關鍵要素。

- **為什麼（Why）**：很少人能清楚說明，自己為什麼會做現在所做的事情。為什麼指的並非賺錢，賺錢是結果，不是原因。「為什麼」是一個目的、使命和信念。公司為什麼存在？你每天為什麼起床？別人為什麼要在意你們的商品？

## 先問，為什麼？

大部分組織或個人的行為模式，通常都是從這個黃金圈由外向內，也就是從做什麼、怎麼做，到為什麼。原因很簡單，大家通常都從比較清楚的事開始做，最後才輪到比較模糊的事。我們通常都能很清楚地說出自己在做什麼，有時也說得出怎麼做，但很少會說自己為什麼做這些事。然而，那些能夠激發熱情、啟發人心的組織或領導者卻不一樣，無論規模大小、行業為何，他們的模式都是一種由內向外的過程。

我常以蘋果為例，除了因為他們的知名度高、產品在各地受到歡迎，更重要的是，他們創造出的長期成功並不多見。連年創新、吸引狂熱粉絲，蘋果正是說明「黃金圈」原則的最佳範例。我從一個簡單的行銷例子說起，如果蘋果也跟多數企業一樣，他們的行銷訴求，就會從黃金圈的外圍開始，先談他們是做什麼的，然後說明產品如何不同，再鼓勵消費者採取行動，並期待消費者有所回應，付錢購買。換言之，他們的廣告訴求應該是這樣：

我們很會做電腦。

我們的電腦有最美的設計，不但使用簡單，也容易上手。
想要買一台嗎？

這種行銷方式實在沒什麼吸引力，但大多數企業卻都採用這種方式。這是企業常規，先從做什麼開始：「這是我們的新車」，然後告訴我們是怎麼做的、為什麼比較好：「真皮座椅、低油耗，還有超優惠利率方案。」最後，他們要我們心動不如馬上行動，並期待我們做出決定。這種模式存在於各行各業，法律界這麼說：「這是我們法律事務所，我們的律師都出身名校，客戶都是實力雄厚的大企業，聘用我們吧。」政治界更常見：「我們候選人對於賦稅及移民政策的政見是如此這般。看出她與其他候選人的差別了嗎？請踴躍支持，投她一票。」這些溝通方式，都想彰顯商品的與眾不同處。

但那些能激勵人自發採取行動的領導者和組織，做法卻完全相反。無論組織規模大小、行業為何，每個人的思維、行為及溝通模式，都是由內向外。讓我們再看一次蘋果的例子，他們的溝通模式會是這樣的，從為什麼開始：

我們所做的每件事，都是為了挑戰、改變現況，因為我們相信「不同凡想」的力量。
而我們挑戰現況的方法，就是讓我們的產品擁有最美的設計，而且簡單、好用。

剛好，我們做的就是最棒的電腦。

想買嗎？

這是完全不同的訴求，連感覺都和前面的描述截然不同，可能看完之後，我們會想趕快想買一台蘋果電腦來試試看。但我所做的，只不過是調整一下訴求的順序而已，沒有什麼了不起的花招，也沒有免費贈品、名人代言等操弄手法。當然，蘋果做的不只是調整訊息順序而已，他們從為什麼開始和消費者溝通，這是一種使命、理想或信念，跟他們做什麼沒有關係。他們是做什麼的，也就是他們從電腦到小型消費性電子商品的產品，並不是顧客購買蘋果的主因，產品只是蘋果信念的具體呈現。蘋果產品的簡潔設計及簡單的使用者介面固然重要，卻不足以創造出那麼多死忠的狂熱粉絲。

精美的設計、友善的介面，只是蘋果理念具體化的表現，其他公司也能花高薪聘請頂尖設計師或工程師，設計出美觀好用的產品，模仿蘋果一切優點，甚至直接從蘋果挖角，製造出一模一樣的產品，但最後結果絕對不同。光是抄襲蘋果做什麼或怎麼做，絕對沒用，他們之所以在市場上擁有這種不成比例的影響力，還有其他因素，而且是某種難以形容、幾乎無法模仿的因素。

前面的例子證明，吸引大家購買的，不是你做什麼，而是你為什麼做。這真的很重要，我們再強調一次：吸引人們的，不是你做什麼，而是你為什麼做。

蘋果能擁有這種不斷創新、吸引大批死忠粉絲的能力，絕不只是因為他們做什麼，但多數組織卻以為有形的功能或價值是制勝關鍵。這種溝通方式有時直截了當，有時以隱喻或類比的方式呈現，但它們的目的和效果都一樣有限。多數企業只想向我們推銷自己是做什麼的，我們想買的卻是他們為什麼而做。前述由外向內的溝通，就是這個意思，他們都是先說自己是做什麼和怎麼做的。

當我們從內向外溝通時，顧客購買的理由其實是為什麼，商品則是核心信念的具體呈現。做什麼是一家公司的外在條件，為什麼則是更深層的原因。就做什麼而言，蘋果的產品和競爭者並沒有太大不同，無論和戴爾（Dell）、HP 或東芝比都一樣。他們都生產電腦，有好的與不好的制度，人力資源、對內外的溝通管道都差不多，大家都能找到優秀人才、資源、顧問和媒體，他們都有好的主管、設計師，和優秀的工程師。當然，他們做的產品有些好用，有些不怎麼樣，即使是蘋果也一樣。但為何只有蘋果這麼成功，創新能力高人一等？獲利能力也一直比競爭者高那麼多，又吸引到一大群宛如宗教狂熱份子的死忠顧客？這些事真的沒多少企業做得到。

大家要買的不是你做的東西，而是你做這些東西的理由，這也是蘋果擁有超高彈性的原因。全球民眾不只向蘋果買電腦，還買手機和 MP3 播放器等，它涉足不同產業、提供不同產品，但消費者和投資人對此並無半點疑慮。蘋果與眾不同的，並非他們是做什麼的，而是他們為什麼做，產品只是讓蘋果的理念有了最鮮活的生命。

當然，我的意思並不是蘋果的產品跟它的成功完全沒關係，這樣就太矯情了，我想強調的是蘋果的商品，只是信念的具體呈現，商品與信念之間清楚的關連，才是蘋果與眾不同的真正原因。這也是大家公認蘋果獨具原創性的原因，他們做的每件事，都證明了他們的為什麼——挑戰現況。無論做什麼產品、進軍哪個行業，有件事絕對清楚，那就是蘋果希望「不同凡想」（Think Different）。

蘋果推出麥金塔電腦時，圖形使用者介面的操弄系統，與過去複雜的電腦語言介面完全不同，徹底顛覆了當時的電腦使用方式。不僅如此，當絕大多數的電腦業者仍以企業用戶為主，蘋果卻希望讓坐在家裡的個人用戶也擁有和企業相當的力量。蘋果的為什麼——挑戰現況、強化個人力量，是一種重複出現的模式，不斷展現在他們的一言一行之中。這種理念鮮活地體現在 iPod，尤其是 iTunes 上，徹底顛覆音樂產業的銷售模式，因為它更符合一般人的音樂消費習慣。

音樂產業的銷售模式，最初是販售整張唱片，這種模式的形成是因為大家過去多半是在家裡聽音樂。索尼 1979 年發明的隨身聽改變了一般人聽音樂的模式。但即使是隨身聽，不管是卡帶或 CD，都受限於隨身攜帶的專輯數量。MP3 的發明又改變了這一切，數位壓縮技術大幅提升音樂容量與品質，人們可以帶一個播放器就出門，徹底改變我們聽音樂的方式，也將大眾蒐集唱片的文化，轉為蒐集歌曲的文化。當音樂產業還忙著推銷單張唱片時，蘋果卻推出能讓我們「放一千首歌在口袋裡」的 iPod。透過 iPod 和 iTunes，蘋果充分展現 MP3 及其播放器的價值，讓科技更符合人性需求。蘋果的廣告不會鉅細靡遺地介紹產品，因為那不是重點，重點在於消費者想要什麼，而我們完全清楚「為什麼」我們想要蘋果的產品。

MP3 並不是蘋果發明的，iPod 的相關技術也不是，但全世界卻公認蘋果以 iPod 改變了整個音樂產業。大容量的可攜式硬碟音樂播放器，其實是新加坡的高科技公司「創新科技」（Creative Technology Ltd.）發明的，他們創造了聲霸卡（Sound Blaster），讓家用電腦擁有音效技術而在業界聲名大噪。事實上，蘋果在創新科技產品上市的二十二個月後才推出 iPod（這件事也讓人不禁懷疑，領先推出者是否真能占得市場先機）。而且從公司發展背景來看，創新科技在數位音效領域的耕耘經驗，應該比蘋果更有機會稱霸數位音樂播放器的市場。

問題在於，他們的廣告訴求是「一台擁有 5GB 容量的 MP3 播放器」，跟蘋果的「放一千首歌在你的口袋裡」雖然乍看沒有什麼兩樣，但創新科技強調的是產品，也就是他們做什麼；蘋果則告訴我們，為什麼我們需要這項產品。只有當我們已經決定要買 MP3 播放器之後，才會開始在意產品的規格等細節（5GB、10GB）。蘋果在一開始就告訴我們：你可以把一千首歌放進自己的口袋裡，我們的購買決策始於為什麼，而蘋果的訴求正是如此。

## 用為什麼重寫產業遊戲規則

有多少人真的很確定 iPod 比創新科技公司推出的產品「禪」（Zen）更好？像是電池壽命就是 iPod 的一個致命傷，搞不好「禪」在功能上還真的比較好一點。但事實是，我們對「禪」根本毫無興趣。大家要買的並不是你的商品，而是你為什麼做它。蘋果的為什麼清晰無比，所以才能有驚人的創新能力，屢屢打敗那些貌似更強的競爭者，不斷擴張產業版圖、進軍核心業務以外的領域。

當一個組織搞不清楚自己的為什麼，前途可就沒那麼樂觀。如果一個組織只能以做什麼來定義自己，那它也只能限制在做什麼的範圍上發展。以蘋果的競爭者來說，他們以商品和服務定義自己，即使多麼強調不同的價值主張，也難以得到好成績。以捷威（Gateway）為例，他們從 2003 年開始推出平面電視，他們擁有多年製造平面顯示器的經驗，當然也有製造、販賣平面電視的實力。但因為他們未能在消費性電子產品市場有效建立起品牌，捷威只好在兩年後黯然結束平面電視業務，號稱回歸他們的電腦本業。

同樣地，戴爾也曾於 2002 年推出 PDA、2003 年推出 MP3 播放器，卻都無法創造成功。戴爾的產品品質優良，當然有能力打進其他產品領域，問題在於他們以做什麼來定義自己——他們是做電腦的，所以消費者好像沒什麼理由要跟一個電腦製造商購買 PDA 或 MP3，感覺起來就沒有什麼說服力。有多少人會願意像買 iPhone 一樣，排隊等待六小時，買一支戴爾電腦做的手機？完全無法擺脫電腦製造商的形象，做不出成績的戴爾很快就打消進入小型消費性電子市場的念頭，決定「回歸本業」。和許多企業一樣，除非戴爾能夠重新思考創業的目標與信念，讓自己從為什麼開始，否則他們恐怕真的永遠只能賣電腦，無法跨出「本業」之外。

不同於競爭者，蘋果是用為什麼，而非做什麼來定義自己，它不只是電腦公司，而是企圖挑戰現況，為個人提供更好用產品選擇的企業。2007 年，蘋果甚至將公司名稱，從「蘋果電腦公司」（Apple Computer, Inc.）改為「蘋果公司」（Apple Inc.），反映他們不只是電腦公司。其實，一家公司的法律名稱沒那麼重要，公司名稱有「電腦」兩字，並不會限制蘋果所做的事情，卻會影響到他們的自我認知，所以這是在理念層面的變革。

從七〇年代創業之初，蘋果就已經確立了自己的為什麼，至今沒有改變。無論做什麼產品、投入哪些產業，他們一直堅守自己的為什麼——挑戰現況、改變世界，這似乎已成為一種自我實現的預言。當還是一家電腦公司的時候，蘋果就改變了全球個人電腦的走向，在跨足消費性電子產品市場後，又打破索尼和飛利浦等巨人獨霸的局面。進入手機產業之後，稱霸多年的市場盟主摩托羅拉、易利信及諾基亞等，居然必須從頭思考遊戲規則，因為以前的方法已經完全行不通。

蘋果進入並制霸那麼多不同產業的事實，也顛覆了原先身為一家「電腦公司」的根本定義，但不管它做什麼，我們都很清楚它為什麼存在。蘋果的競爭者卻不是如此，雖然他們的為什麼可能曾經清楚過，而這些公司也因此成為市值數十億美元的跨國企業，但隨著時間過去，他們卻忘了初衷，漸漸只用做什麼（電腦）來定義自己，從有願景的企業，變成了賣商品的公司。這件事一旦發生，價格、品質、服務及功能，全都會淪為刺激購買的工具，而這些企業及他們的商品，也都無可避免地淪為一般消費性商品。最後，他們只想靠著各種操弄手法來勝出，而這種做法又成本極高，每天早上起床就要挖空心思、想辦法「差異化」，讓人筋疲力竭、充滿壓力。清楚為什麼，凡事從為什麼出發，絕對是企業獲得長期成功、避免落入紅海廝殺的關鍵。

## 選擇，反映出為什麼

無論做什麼或怎麼做，任何得設法用「差異化」來設法脫穎而出的企業，基本上都是紅海企業。問一下牛奶業者，他們會說不同品牌的牛奶，其實各有差異。問題是，只有專家才分辨得出來，對一般人來說牛奶就是牛奶。今天的市場，包括B2C和B2B，幾乎所有商品都是以這種模式在運作，企業專注於做什麼及怎麼做，完全不想為什麼。於是，我們分不出他們的差異（因為差異性本來就不大），但我們愈是覺得差不多，他們就愈專注在做什麼和怎麼做，想讓自己更與眾不同。於是，惡性循環開始了。

只有身陷紅海，以一般消費性商品模式運作的組織，才需要每天一早起來就想辦法要跟別人不同。清楚為什麼的組織，根本不擔心這件事，因為他們本來就認為自己與別人不同，所以不用努力「說服」任何人相信這件事。他們不需要精心安排胡蘿蔔和棍子，他們原本就與眾不同，而且大家都知道。因為他們的一切行動，都從為什麼出發。

當然，有些人仍然堅信，蘋果與眾不同是因為他們的行銷能力特別強，行銷專家告訴你，他們是在「販賣生活態度」。若是如此，為何這些行銷專家未能在別家公司身上，複製出蘋果的長久成功經驗？既然稱為「生活態度」，就是承認擁有類似態度的人，選擇將蘋果融入生活之中。換言之，蘋果並沒有發明這種生活態度，也不是在賣這些態度，是擁有某些態度的人，特別容易受信念相同的品牌吸引，而蘋果正是這些品牌之一。這些人選擇的商品，清楚反映了他們的態度，由於蘋果的為什麼如此清晰，信念相同的人才那麼容易受到吸引，正如哈雷機車和 Prada 皮鞋，也特別容易吸引某族群的人一樣。一定是先有某種生活態度，才有商品的選擇，誠如產品反映企業的為什麼，選擇某些品牌或產品的決定，正好也體現某些人的為什麼。

有些人（甚至可能包括蘋果員工）認為，蘋果出類拔萃，純粹是因為產品高人一等。當然，擁有高品質產品非常重要，無論你的為什麼有多令人憧憬，如果做出來的東西一塌糊塗，鐵定無法成功。但組織不一定要有「最好」的商品，只要有夠好的產品。「更好」或「最好」都是比較而來。若不清楚為什麼，一切的比較或過程都沒有價值。

「更好」的標準到底是什麼？舉例來說，法拉利 F430 跑車，會比本田休旅車更好嗎？這要看你的需求。如果你一家六口，兩人座的法拉利絕對不會「更好」，但如果你想用來吸引女性注意，本田恐怕就不會是「更好」的選擇（這當然還得看你想追求哪樣的女性。）我們得先考慮一項產品為什麼應該存在，然後想清楚哪些人會想要它。當然，我可以一直吹噓本田的休旅車做得有多好，事實上，有些部分可能還真的勝過法拉利，低油耗就是其中一項，但我恐怕很難說服一心只想擁有一輛法拉利的人，改變心意去買別種車。法拉利對某些人擁有難以抗拒的吸引力，關鍵在那些人本身，而不是汽車工藝的高下或是汽車的種類。雖然，法拉利迷會說汽車工藝是他們鍾愛法拉利的一項具體原因，但迷戀法拉利的人，對於它為什麼比較優越的各種說法，絕對不可能客觀。否則，為什麼有些人就是寧願多捧上大筆鈔票，也非得擁有紅色法拉利不可，而大多數本田休旅車的買家，卻沒那麼在乎車的顏色？

對於那些極力說服你相信蘋果商品比較好的人，我完全無法反駁他們的論點，我只能說，他們認定蘋果比較好，是因為蘋果比較符合他們心中好電腦的標準。認清這點之後，我們就能理解，其實只有對真正認同蘋果理念的人而言，蘋果電腦才真的比較好。這些人認同蘋果的為什麼，才認定蘋果商品真的比較好，與他們爭辯毫無意義，即使擁有最客觀的評量方式，若不先建立起一套共同標準，要證明孰優孰劣，依然只能各說各話。

不同品牌的擁護者，會各自指出他們認為有意義，或根本無關緊要的功能或特色，來證明自己是對的，而這也是許多企業力求「差異化」的主因。但差異化所根據的假設（只有一邊對）並不盡然正確，如果雙方都正確呢？會不會蘋果比較適合某些人，而一般個人電腦比較適合另一群人呢？這就不再是哪種電腦更好的問題，而是需求不同的問題。因此，除非大家可以先確認為什麼，否則根本無從討論起。

即使有充分事實為根據，光宣示自己的產品比較好，雖然可能激勵許多人產生擁有的欲望，甚至讓人購買，卻不能創造忠誠度。如果消費者是因為價值認同，而非操控而購買某項產品，就應該能清楚說出該產品為什麼真的比較好。品質和功能好固然重要，但這些因素無法創造出一批高忠誠度的顧客，真正能夠激發熱情與忠誠的，是企業、品牌和產品背後的信念與理想。

## 長久成功的單行道

知道為什麼，並不是成功的唯一方法，卻是擁有長久成功、過人創新動能及彈性的唯一途徑。一旦組織的為什麼開始失焦，要維持原有的高成長率、忠誠度和事業熱情，就會變得異常困難。各種操弄手段將會快速取代激勵模式，成為企業鼓勵顧客購買的終極策略，而這些策略雖有短期效果，長期一定會讓企業付出高昂代價。

讓我們看看商學院的經典案例——鐵路公司。十九世紀末，美國最大的企業就是鐵路公司，但在獲得驚人成功、甚至改變全美面貌之後，鐵路公司逐漸忘記自己的為什麼，將注意力集中在做什麼上面。視野影響了他們的決策，所有資金都投入在鋪設鐵道、收購枕木和製造火車。但在二十世紀初，新科技飛機出現了，於是鐵路巨人一一倒閉，走入歷史。如果他們當時定義自己是「大眾運輸業」呢？或許他們的行為就會有所不同，也就不會錯失良機，有可能今天所有航空公司的老闆就是他們了。

這個例子讓我們思考一個問題：那麼多企業都用做什麼來定義自己，他們是否能長久存活？長期專注在做什麼，讓這些企業難以應付新科技的競爭，或是從不同角度看事情。鐵路業和先前提過音樂產業的故事，有著驚人的雷同。一般人的行為早已因為新科技而全盤改變，但音樂業者卻未能跟上腳步，及早調整商業模式。其他產業也碰上相同困境，報紙、出版和電視產業只是少數三個例子，就像過去的鐵路業一樣，拚命想定義自己價值同時，眼看著顧客因為需求無法得到滿足，而不斷轉向其他產業。要是音樂產業對自己的為什麼能有清楚認知，或許發明 iTunes 的機會，就不會落入一家電腦公司手中。

面對所有情況，回歸本質、找回初衷，都是企業快速適應改變的不二方法。別再問：「我們應該做什麼，才能從競爭中脫穎而出？」大家真正應該問的是：「我們當初『為什麼』會做這些事？考量目前的科技和商機，我們應該做什麼，才能實踐理念？」當然，這些話不是我說了算，黃金圈的概念不是我發明的，它其實深植於每個人的生物本能之中。

04

# 黃金圈完全符合生物本能

星肚史尼奇的肚子上有星星，
光肚史尼奇的肚子上沒有星星。
那些星星並不大，它們其實真的很小顆。
或許你認為，這麼小的星星，根本不重要，
但麥克猴．麥克豆卻很快做出一台怪機器。
他說：「你的肚子上，也想要有那樣的星星嗎？
朋友們！你也可以馬上有像星肚史尼奇一樣的星星，
一顆只要三塊錢。」

在 1961 年、美國知名童書作家蘇斯博士（Dr. Seuss）寫的兒童繪本《史尼奇及其他故事》（*The Sneetches and Other Stories*）中，有兩種史尼奇，一種肚子上有星星，另一種沒有。沒有星星的史尼奇一心也想弄到星星，才能跟星肚史尼奇一樣。它們不計千辛萬苦、一再加價，就為了擁有這種屬於一個群體的歸屬感。然而，在整個故事中，卻只有搞出那台可以在史尼奇肚子上印星星的麥克猴．麥克豆，真正因為史尼奇對歸屬感的渴望而獲利。

蘇斯博士的觀察一針見血，史尼奇反映出人性最原始的一種需求——歸屬感。我們對歸屬感的渴望並不理性，但任何文化中的所有人，都渴望有歸屬感。那是一種當身旁的人和我們擁有相同價值觀或信念時，油然而生的感覺。有歸屬感，我們會感到彼此相連，也會有安全感。身為人，我們都渴求，也設法獲得這種感覺。

有時，歸屬感的產生純屬偶然，我們可能不會和家鄉的每個人結為好友，但到外地時，遇見同鄉人立刻就跟他們產生強烈的情感。有一次我去澳洲，坐在公車上時，突然聽到背後傳來美國口音，我馬上轉頭相認，立刻覺得跟這些人之間有一種感情的連結。我們說同樣的話，了解俚語的含意，在陌生的國度、在那一瞬間，我好像突然有了歸屬感。就因為這樣，我對這兩位陌生旅客的信任感，遠勝過公車上其他人，我們後來甚至還有再約相聚。無論到哪裡，我們都比較信任那些與我們共有相同價值觀或理念的人。

我們對歸屬感的渴求強烈到願意辛苦付出、甚至做出不理智的事、花上大把鈔票來獲得這種感覺。就像史尼奇，我們都喜歡和理念相同的人或組織在一起。當企業只強調自己在做什麼、產品有多先進，雖然能創造一些吸引力，卻不見得能給我們歸屬感。但當一個組織清楚地溝通他們的為什麼，而我們也剛好擁有相同信念時，就會願意付出更多代價，努力讓那些產品或品牌融入自己的生活中。

我們這麼做，不是因為這些產品真的比較好，而是因為它們代表我們所珍視的價值觀或信念，讓我們產生特別的親密感和歸屬感。由顧客自發組成的粉絲團，通常不用企業提供任何協助，就能自動運作得很好。這些粉絲團的成立（無論是在實體或網路），通常不只希望跟別人分享自己對某產品的熱愛，也希望能與品味相投的人產生連結。這些跟產品或公司都無關，只與顧客本身有關。

渴望擁有歸屬感的人類天性，也讓我們容易發現價值觀不合的人事物。那是種潛藏在我們心中的敏感度，很難清楚形容，但我們很容易就發現某些事物適合與不適合。引述前一章的例子來說，戴爾賣 MP3 就讓人覺得不對勁，因為他們將自己定義為電腦公司，所以似乎只適合賣電腦。然而，蘋果卻將自己定義為身負使命的企業，因此所有符合這個定義的事情，由他們來做似乎都理所當然。

2004 年，蘋果跟愛爾蘭搖滾天團 U2 合作，共同推出一款 iPod 紀念機。這件事就很合適，即使流行天后席琳・狄翁（Celine Dion）的唱片銷量比 U2 多很多，粉絲可能更多，蘋果卻不太可能與她共推紀念機款。U2 和蘋果非常合拍，因為他們擁有相同的價值觀與信念，都喜歡挑戰現況、不愛墨守成規。如果蘋果推出席琳·狄翁版的 iPod，感覺就太怪了，雖然她的歌迷眾多、市場龐大，但蘋果和她就是無法兜在一起。

蘋果的電視廣告「我是 Mac，我是 PC」，則是另一個很好的例子，它清楚反映了蘋果電腦使用者的形象。廣告中，使用蘋果電腦的年輕人永遠穿著牛仔褲和 T 恤，一派輕鬆幽默，專找「體制」的麻煩。在他們的定義裡，一般個人電腦的使用者，則是身穿西裝、年紀較大、身材矮胖的人。要和蘋果氣味相投，你就必須擁有和蘋果電腦相近的特質。後來，微軟做了一支叫「我是 PC」的廣告來回應蘋果，廣告中各行各業的人，包含老師、科學家、音樂家和兒童，都說自己是一般個人電腦使用者。由於全球 95％的電腦操弄系統都來自微軟，不難想像，微軟就等於「社會大眾」的代名詞。這沒有誰好誰壞的問題，純粹取決於你覺得自己比較像哪一群人——特出之才，還是中流砥柱？

善於溝通信念的領導者及組織，對大多數人有著莫大的吸引力，他們能讓人產生歸屬感，讓我們覺得自己與眾不同、不孤單，有一種安全感。他們能吸引別人、讓別人忠誠跟隨，被感召的人則擁有同樣強烈的認同感與親密感。所以，蘋果的使用者，對彼此總是惺惺相惜，騎哈雷機車的人，彼此也有種英雄惜英雄的情懷。每個被金恩博士吸引去聆聽那場「我有一個夢」演說的人，無論種族、信仰和性別，幾乎就像兄弟姊妹，為彼此共同的價值與信念攜手奮鬥。他們知道彼此是同一種人，因為心中的直覺這麼告訴他們。

## 直覺正確的原因：聰明的緣腦

黃金圈並非只是一個溝通架構，它反映人類行為的演化過程。為什麼的威力，並非只是概念，而是來自生物本能。來看人類大腦的橫切面，你會發現，黃金圈的三個層次，跟大腦的三個主要層次，竟然完全吻合。

- 新皮質（neocortex）：是人類大腦最新生成的部分，也就是所謂「智人」（Homo sapien）的腦部，它對應「做什麼」那一圈，負責掌管人類的理性思維、分析及語言能力。

- 緣腦（limbic brain），是中間兩圈，掌管人類的情感，如信任及忠誠等。它也負責人類所有的行為及決策能力，但不掌管語言能力。

當我們由外向內溝通時（先溝通做什麼），腦部確實可以處理大量、龐雜的資訊，卻無法驅策我們採取行動。但當我們由內向外溝通時，則是直接訴諸掌管決策的部分，然後才由掌管語言的新皮質，幫助我們說明自己的決策。由於掌管情感和決策能力的緣腦，不掌管語言能力，這種「缺口」讓人難以用言語形容自己的感情。比方說，我們很難解釋為何會選擇跟另一半共結連理，雖然努力想用言語來說明自己愛他們的原因，卻發現愛情真是「難以言喻」，於是只好開始說些「她很有

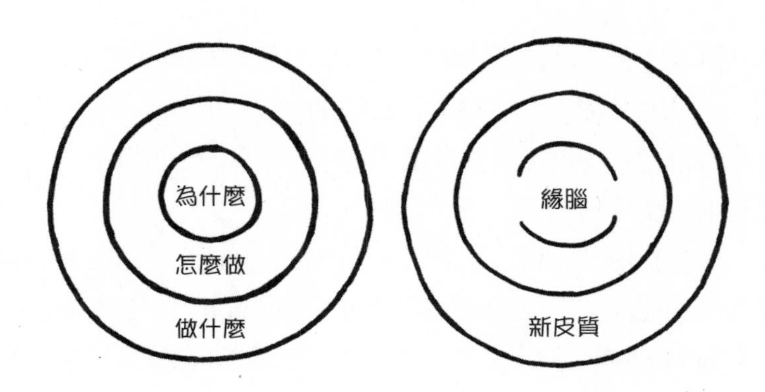


趣，也很聰明」之類的理由。

但世界上聰明、有趣的人實在太多了，我們並不愛那些人，也不想跟他們結婚。我們之所以會愛上一個人，除了個性及能力之外，顯然還有其他原因。理性上，我們都知道言語並未真正表達原因，主要是感覺使然，所以逼不得已非得說明時，只好努力找原因，比方說：「她讓我變得完整。」這是什麼意思呀？我們又要如何找到這樣的人？這就是愛情困難的地方，只有在出現之後，我們才會知道真愛降臨，因為「感覺對了」！

做其他決策時也一樣，感覺對的時候，我們也很難說明為何做此決策。這是因為大腦掌管決策的部分並不掌管語言，所以我們只好設法合理化自己的決策。這個問題值得我們反思市場調查的價值，問消費者為何選擇某項產品，或許只能聽到他們設法合理化自己決策的說詞，對於了解真正原因，可能沒有太大幫助。這也有助於說明為何我們偶爾會做出大膽的決定——因為感覺對了！大腦控制決策的部分也控制感情，無論你覺得自己的決策是出於直覺，或是「聽從內心的聲音」，它都發生在緣腦。

緣腦的威力強大，有時足以讓我們做出有違理性或邏輯的判斷，即使直覺與眼前事實明顯不合，我們常會比較相信直覺。知名腦神經專家理察．瑞斯塔（Richard Restak）在《赤裸裸的腦袋》（*The Naked Brain*）就討論過這個問題，當人們被迫以理性做決策時，幾乎都會陷入「想太多」的困境。瑞斯塔指出，理性決策通常花的時間較長，品質也較差；相反地，緣腦所做的決策，也就是所謂的直覺決策，通常比較快，正確性也較高。所以，老師常告訴學生，遇到選擇題時，最好相信第一直覺，這是有科學根據的。思考的時間愈長，出錯的風險就愈高，緣腦非常聰明，通常知道什麼是正確的。只是我們常因無法「解釋」自己的感覺，所以才會懷疑自己的決定，或因客觀事實而否定直覺。

回想你到賣場買電視的經驗，你站在一整排產品前面，聽店員專業解說液晶電視與電漿電視的差別，但你無法決定哪種最適合。一小時過去，你還是決定不了，腦袋因為想太多幾乎快爆炸了。最後，你終於做出決定，離開賣場，但你還是沒把握自己是否做了正確決定。之後，你跑去找朋友，結果發現他買的竟然是另一台電視，還不斷告訴你他有多滿意。雖然你不確定他選的是否比較好，但你忽然這麼覺得：「我是不是選錯了？」

## 領導，從「心」開始

沒有清楚傳達為什麼的組織，其實就是在逼我們以理性資訊來做決定，這也是為什麼做這些決策會比較花時間，選擇也變得困難許多。在這種情況下，各種藉由渴望、恐懼或價格的操弄手法就會變得很有用。我們被迫要做出許多沒什麼啟發性的決定，沒辦法，因為除了冷冰冰的數據和商品資訊，這些公司並沒有提供其他決策依據。他們沒有告訴我們為什麼。

大家要買的，不是你們的產品，而是你們為什麼做這件事的出發點。說不清楚為什麼，只會引來壓力與懷疑。許多人在選購蘋果電腦或哈雷機車時，根本不需要參考別人的意見，他們對自己的選擇信心十足，唯一要考慮的是該買哪種型號。此時，客觀的產品功能及優點等資訊固然重要，但絕不是選購的主因，因為選購的決定早就做好了，功能等資訊只是輔助決定的參考條件。在這種情況下，我們的決策完全遵循了由內向外的模式，先從為什麼（情感因素）開始，才用理性來決定或說明為何會選擇某款電腦或機車。

所以，當我們說要「收買顧客的心」（winning hearts and minds），指的就是這個意思。心靈（hearts）其實就是我們的緣腦，大腦中掌控情感的部分；理智（minds），則處理理性思考與語言。多數企業都較擅長用理性分析來說服我們的理智判斷，因為只要提供比較跟好處即可。贏得心靈，則需要更下功夫。難怪我們一般順序都先說心靈，才講理智，因為它符合我們做決定時的自然順序。先贏得心靈，再贏得理智，要做到這點不太容易，它結合了藝術與科學。又是一個語言中的智慧：我們通常的說法，也是「藝術與科學」，藝術在科學前面。或許就是因為領導的藝術，必須從「心」開始，可能大腦一直在告訴我們，一定要先從為什麼開始。

不清楚為什麼，決策就會變得異常困難，只要心中有疑惑，我們就會開始尋求理性資訊來協助做決定。也許很多公司會告訴你，他們從做什麼和怎麼做開始，是因為顧客問的都是品質、服務、價格等問題。顧客問什麼問題，企業提供什麼資訊，這當然很合理，問題是，人腦中控制決策的部分與解釋決策的部分並不相同。證據顯示，努力符合顧客的要求，並不能幫助企業有效提升業績、創造忠誠度。福特汽車創辦人亨利．福特說得好：「如果我問大家最想要什麼，他們恐怕會告訴我：一匹更快的馬。」

這就是偉大領導者最難得的地方，這些領導者或組織能看見人們沒看見的，提供我們壓根沒想過的東西。電腦革命剛開始時，我們完全沒想過自己會需要圖形使用者介面，但蘋果卻知道要提供我們這個東西。航空業的競爭白熱化，大多數乘客沒想到自己需要的，不是更多，而是更少，但西南航空卻知道。當國家面臨困難，很少人會問自己應該為國家做什麼，大多數人只會要求國家應該做些什麼，但甘迺迪卻以前項訴求，開展了他的執政之路。優秀的領導者相信直覺，知道藝術必須先於科學，他們會先贏得我們的心，再征服我們的腦。他們知道要從為什麼開始。

我們幾乎隨時隨地都在做決定，有許多是根據「感覺」做出來的，我們很少認真蒐集、比較所有能取得的資訊，其實也沒必要，因為只要我們覺得有把握就行了。美國前國務卿柯林·鮑威爾（Colin Powell）就說：「只要有三成資訊，我就能做出決定。超過八成資訊，就太多了。」其實只要到達某種程度，我們就能相信直覺，或相信其他人的判斷，不見得需要多充足的資訊來做決定。有時，即使資訊充足，我們還是沒把握相信自己的判斷。由於生物本性，我們很難說明決策的真正原因，所以會找一些有形的因素，像是設計或服務很好之類的，來解釋自己的決定。這些因素只是一些輔助說詞，並非我們做決策的主因，也無法激勵我們採取行動。

## 看不見的才最重要

一支廣告介紹最新上市的洗衣精：「讓你的白色衣物更潔白，彩色衣物更鮮豔！」這項價值主張，是洗衣劑業界長年以來的基本訴求，非常合理，根據市調，這是消費者想要的。雖然研究結果如此，但消費者真正想要的，卻是另一回事。

洗衣劑業者問顧客，對洗衣劑的要求是什麼，顧客說，希望白色衣物更白、彩色的更鮮豔。這個回答並不令人意外，洗衣服的人當然希望把衣服洗乾淨，而且愈乾淨愈好。所以，各品牌開始研究如何讓白的更白、彩色的更鮮豔，並試著說服消費者，添加了某種成分絕對更有效。甲品牌說，蛋白質分解酵素是關鍵，乙品牌說，增豔劑才有效，沒有人問消費者，為什麼會希望衣物更乾淨。多年後，某家業者聘請了一群人類學家來幫他們做研究，才揭開謎團，他們發現，前述這些添加物都不是關鍵。

這群人類學家發現，當大家把衣服從機器取出來時，沒有人把衣服舉高檢查它們到底變得有多白，或拿新衣服來對照花色，檢查清洗效果如何。大家做的第一件事，都是先聞一下衣服香味，這真是個驚人的發現。「感覺」起來很乾淨，竟然比真正乾淨與否更重要。其實，這是因為大家都認為，洗衣精本來就該把衣服洗乾淨，這是它存在的意義，但衣服聞起來清香潔淨，卻比原先各品牌拚命比較的重點重要許多。

錯誤的假設，誤導了整個產業的競爭方向，這種事絕不只發生在洗衣劑產業。手機業者之前一直相信，消費者都希望手機能有更多功能和按鍵，直到iPhone出現，它不但功能較少，還只有一個按鍵。過去，德國汽車巨頭一直認為，只要靠汽車工藝這項明顯優勢，就能征服美國買家，但後來他們發現這不夠。不甘願地，這些車廠一一在頂級汽車中，加裝了那個不起眼的置杯架。這項小配件對習慣開車通勤的美國人很重要，卻很少反映在相關市調中。當然，各位千萬別誤解，我不是說置杯架是買家對 BMW 情有獨鍾的原因。我想強調的是，即使對最理性的買家而言，影響購車決策的也不只是擺在眼前的明顯事實。

緣腦的威力驚人，不但控制了我們的直覺，還能讓我們做出許多看似不合邏輯或不理性的事情。比方說，離開溫暖的家去遠方探險、飄洋過海為了看看世界另一頭、辭掉鐵飯碗花光積蓄創業等。很多人聽到這些決定會說：「簡直愚蠢至極，你瘋了嗎？最後你不但會落得什麼都沒有，還可能會送命，你腦子有沒有問題呀？」但讓我們大膽做夢、嘗試新事物的，既非邏輯也非事實，而是我們一心懷抱的希望和夢想，也就是我們的心與直覺。

如果人類是完全理性的，就不會有那麼多中小企業，也不會有那麼多探險或創新的行動，更不會有那麼多偉大的領導者，激勵人們有所作為。驅使我們行動的，是我們對更偉大、美好事物的熱切渴望。當然，這種渴望也可能產生另一種的情緒，像是憎恨與恐懼。否則，社會上怎麼會有人意圖對素未謀面的人造成傷害？

有太多市場研究告訴我們，大家都喜歡和提供最好產品、最多功能、服務最優質，而且價格最划算的企業做生意，但想想那些顧客忠誠度超高的企業，其實很少完全符合上述條件。如果你想買一台特別訂製的哈雷機車，通常得等上六個月（這已經進步很多了，以前平均要等上一年左右。）這麼長的等待期，在服務至上的現代真的很誇張。

蘋果電腦比同級一般電腦貴至少25％，而且相容的操弄軟體也少很多。它的周邊商品也較少，裝置的速度有時還比不上一般電腦。如果大家只用理性決策，或是在做決定前做足功課，那應該沒有人會買蘋果電腦。但顯然不是這樣，蘋果迷人數眾多，而且他們不只是購買，還愛死了蘋果電腦。這是發自內心的感受，或者更精確地說，是發自緣腦的行徑。

你身邊可能就有死忠的蘋果迷，問一下他們為什麼支持蘋果，他們不會說：「因為我是一個喜歡挑戰現況的人，希望自己的朋友、使用的產品，都能向別人說明我是什麼樣的人。」然而，這才是真正的原因，但掌管決策及行為的緣腦，並不掌控語言能力，所以蘋果電腦迷只好找一些理由，例如操弄介面很棒、使用簡單、設計很美、品質超好等。但事實上，他們的購買決策及忠誠度，其實有更深層的原因——他們真正在乎的，其實不是蘋果，而是他們自己。

即使熱愛工作的蘋果員工，恐怕也無法清楚說明自己為什麼愛這份工作。這種情況，他們的「做什麼」剛好體現了他們的「為什麼」。他們大概也堅信，蘋果成功完全是因為產品品質高人一等，但內心深處，他們熱愛的其實是身處於比自己更偉大的事業。和死忠蘋果迷一樣，忠誠的蘋果員工也熱中於參與一場偉大的革命行動。更高的薪水、更優的福利，可能都無法利誘忠誠度高的蘋果員工跳槽到戴爾。同樣地，再多的現金回饋，也可能很難讓死忠的蘋果迷改用一般個人電腦（實際上，他們可能花了兩倍價錢，才能獲得心愛的電腦。）這些行為完全超乎理性思維，已到達信念的層級。難怪許多人經常形容，蘋果的企業文化宛如宗教狂熱，這家公司的意義早已超越了產品本身，成為一種值得擁戴的信念，是一種信仰。

還記得前面法拉利與本田汽車的例子嗎？商品不只是企業理念的象徵，更是忠實顧客自身信念與形象的代表。比方說，使用蘋果筆電的人，在機場等待時很喜歡用電腦，希望別人知道他們用的是蘋果。它就好像一枚勛章，象徵身分認同，閃閃發光的蘋果標誌，反映了他們是什麼樣的人，說明他們看世界的方法。HP 或戴爾筆電的使用者會想秀出他們筆電上蓋的商標嗎？恐怕不會，就連使用者本身，恐怕也沒有什麼特別感覺。因為他們的為什麼不夠清楚，所以產品也無法反映出使用者的獨特性，無論他們的電腦速度多快、設計多時尚，都無法彰顯更高的價值或理念。它就只是一台電腦。事實上，戴爾筆電上蓋的商標，有很長一段時間方向都是朝向使用者，所以其他人看起來都會是反過來的。

清楚反映為什麼的商品，讓使用者也能透過商品，清楚向世界說明他們是什麼樣的人、擁有什麼樣的信念。記得，讓大家買單的，不是你在做什麼，而是你為什麼而做。如果一家公司不知道自己為什麼而做，別人也就只會知道你是做什麼的，你也就只能靠價格、功能等操弄手法，來設法進行差異化，而這麼做的代價極高，效果也無法持久。

05

# 清晰、紀律、一致性

自然界裡是沒有真空的，為了幫助生命繁衍，大自然會不斷讓萬物取得平衡。當一場森林大火重創既有生命，大自然就會孕育出新的生命來取代消逝的生命。所有生態系統的食物鏈中，每種動物都是另一種動物的食物，這也是大自然保持平衡的方法。反映生物本能的「黃金圈」，當然也必須遵循相同的平衡需求。如前兩章討論的，不清楚為什麼，就會導致不平衡，導致各種操弄手法開始猖獗。若是如此，買家的不確定感、賣家的不安定感都會油然而生，雙方感受到的壓力都會大增。

先問為什麼，只是一個起點，距離能真正擁有激勵別人採取行動的能力，還有很長一段路。黃金圈要順利運作，每個環節都得保持平衡，並遵循正確的順序。

## 你的「為什麼」，夠清楚嗎

清晰與否是第一個關鍵。你必須清楚自己為什麼要做這些事，別人買的並不是你們在做什麼，而是你們為什麼而做。如果連你都搞不清楚為什麼要做，別人又怎麼會知道？如果組織領導者除了產品，完全說不清楚組織為何存在，又如何期望員工知道他們為什麼每天來工作？如果政治人物除了服務人民（這是所有政治人物的最低標準），說不清楚自己為何參選公職，選民又怎麼知道該把票投給誰？操弄可以影響選舉結果，卻無法幫助我們選出真正的領導者。領導者必須擁有一群心悅誠服的追隨者，也得擁有更遠大的理念與目標，若要激勵別人採取行動，就得先從清楚為什麼開始。

## 如何有紀律地貫徹「怎麼做」

清楚為什麼之後，接下來就是要了解該怎麼做——這是你們用來實踐為什麼的價值觀及原則，反映在組織、文化、制度及流程中。了解怎麼做非常重要，更重要的是，還要能要求組織同仁恪守這些價值觀及原則，才能真正強化組織、充分發揮能力。了解怎麼做能幫助你找到合適的夥伴，在與你共事時，能自然而然地發揮才能。

有趣的是，為什麼這個好像很高深的問題，要找到答案卻相對容易。真正困難的是要做到不偏離目標、有紀律地遵循自己的價值觀和原則。然而，我們常常不得要領，比方說，為了自我提醒，我們常將自己的價值觀和原則寫成一個個名詞，貼在牆上，例如：誠信、務實、創新等。但名詞無法激勵行動。名詞只是一個一個沒有生命的單字。這些名詞無法幫你建立制度或規劃獎勵辦法等，要求大家以這些名詞做為行事準則，幾乎是不可能的事。想想看，你如果告訴同事：「鮑伯，麻煩你今天多點『創新』好嗎？」他到底該怎麼回應？還有，如果你還得將「誠實」二字貼在牆上提醒自己，那你的問題恐怕比想像中還要嚴重。

價值觀或原則要能真正引導我們的行為，必須是動詞。不要只說「原則」，而是說「堅持做對的事」。請同仁「從不同角度看問題」，會比告訴他們要「創新」更好。用動詞來表達價值觀，能讓我們在不同情境都擁有相同的行事準則。叫員工要有原則，無法保證員工能總是把顧客的利益擺在第一，但請員工堅持做對的事，就有辦法傳達這樣的價值。

黃金圈可以解釋為什麼有人能創造長期成功，但要創造長期成功，通常都需要一點投資與短期成本。這也是專注於為什麼並堅守自己的價值，如此重要的原因。

## 表裡一致的做什麼

你的一言一行，都要能證明你的信念。為什麼的本質就是信念。怎麼做，則是你實踐信念的行為，而做什麼則是這些行為的結果，包含你所說所做的每件事，商品、行銷、公關、企業文化，以及用才等。如果吸引別人的不是你們在做什麼，而是為什麼而做的話，那麼你的言行就必須和信念保持一致，別人才能看出你們的信念，不會有疑慮。畢竟，我們活在一個有形的世界裡，要讓大家了解我們信念的唯一方式，就是透過我們表現出來的言行。如果我們變來變去、沒有一致性，就沒有人會知道我們的信念是什麼。

在做什麼這個層級，「真誠」（authenticity）很重要，這也是目前企業界和政治界一再強調的重點。大家都說真誠很重要。專家說：「做人要講誠信，大家都喜歡跟講誠信的企業做生意，選民也會投給這樣的候選人。」問題是，到底要怎樣做才能顯得真誠？

你怎麼走進辦公室要求大家說：「拜託各位，以後更真誠一點！」或是開會時，執行長要求行銷提案：「你正在寫的那份企劃，請儘量表現出真誠。」組織到底該做什麼，才能讓行銷、業務等工作顯得夠真誠？

大家常用的解決辦法，我覺得有點好笑，企業會做顧客研究，問顧客：我們要做什麼才會顯得真誠？這簡直本末倒置。

你無法叫別人告訴你該如何展現真誠。講求誠信表示已經知道怎麼做才算是有誠信。當你告訴一位政治人物要真誠，他到底該怎麼做？領導者又該如何表現出更真誠的一面？如果為什麼不夠清楚，這些建議和要求根本毫無助益。

黃金圈如果處於平衡狀態，自然就會顯得真誠，因為你真心相信自己所說的話、所做的事，主管員工皆然。只有在這種情況下，別人才會相信你的言行都是真的。就像蘋果真心相信，歷代蘋果電腦都是為了挑戰主流的 IBM DOS 平台，也相信 iPod 和 iTunes，是為了挑戰既有的音樂產業。我們也都知道蘋果為什麼會做這些事，就是這份了解，讓我們真心相信，蘋果的商品非常真誠。

戴爾也曾推出 MP3 播放器及 PDA，希望打入小型消費性電子市場，但除了追求更多利潤、擴張市場外，消費者不是很清楚戴爾的為什麼，所以這些產品對消費者來說不夠真誠。當然，戴爾絕對擁有足夠的能力製造出優秀產品。但缺乏清楚的為什麼，才是致使他們行動特別困難、代價特別高昂的原因。光是製造出高品質的商品並努力行銷，並不能保證成功。沒有清楚的為什麼，就無法顯出真誠，而真誠攸關一切。

只要問超級業務員的成功心法，他們通常會告訴你，要真心相信自己賣的東西。相不相信自己的產品與業務表現，究竟有什麼關係？很簡單，當業務人員真心相信自己賣的產品很棒，他們所說的話就出於真誠。當你真心相信自己的產品，熱情就會湧現，這份真誠是建構穩固人際關係的基礎，而深層關係能夠帶來信任，信任則可以創造忠誠。沒有平衡的黃金圈，就沒有真誠，也沒有堅強、穩固的人際關係，也就沒有信任。於是，只好拚命靠價格、功能等去競爭。有效嗎？當然有，只是效果很短、代價很大。

要成功，不見得一定要真誠，但想要維持長期成功，真誠卻是必要條件，而這又得回到為什麼。真誠反映在你們的言行，如果只知道組織或商品在做什麼，卻不清楚它們到底為什麼存在，就不可能知道言行是否與為什麼一致。不清楚為什麼的話，那樣的真誠也是騙人的。

## 用正確的順序與大眾溝通

有清晰的為什麼、有紀律地遵循價值觀和原則，確保言行與信念一致之後，最後要做的就是用正確順序與大眾溝通。誠如第三章舉過的蘋果行銷語言例子，只要調整一下內容順序——從為什麼開始——就能改變整支廣告的威力。做什麼當然很重要，因為它們是為什麼的有形證明，但為什麼一定要在先，因為它是所有事物的基礎。無論是領導、決策或溝通，從為什麼開始對每件事的結果，都有極其深遠的影響。唯有從為什麼開始，才能真正啟發熱情、激勵別人採取行動。

## 西南航空為何連年制勝

羅林・金恩（Rollin King）是來自德州聖安東尼奧市的商人，他想將太平洋西南航空（Pacific Southwest）在加州的營運模式引進德州，在德州的達拉斯、休斯頓及聖安東尼奧之間，開設短程通勤航線。金恩當時剛經歷漫長又麻煩的離婚官司，他想找一個信得過的人幫他執行這個想法，這個人就是他的離婚律師賀伯・凱勒赫（Herb Kelleher）。

兩人可以說完全相反，金恩精通數字，脾氣粗魯、難搞，凱勒赫親和力強、討人喜歡。一開始，凱勒赫覺得金恩的想法聽來很蠢，但談了一晚之後，他被打動了，同意考慮加入這項計劃。然而，一直要到四年之後，西南航空的第一班飛機，才終於從達拉斯啟航，飛往休斯頓。

廉價航空的概念，並不是西南航空發明的，真正的開路先鋒是太平洋西南航空，你看連名字西南航空都是抄人家的。他們並沒有領先進入市場的優勢，布蘭尼夫國際航空（Braniff International Airways）、德州國際航空（Texas International Airlines）及大陸航空（Continental Airlines）早已在德州提供服務，沒人打算讓出這塊市場。但西南航空之所以成立，並不只是要當一家航空公司，它有自己的理念，只是他們剛好選擇進入航空業。七〇年代初期，美國只有15%的人口搭飛機，這個比例足以嚇退所有小型業者，讓大家不敢跟大型航空公司競爭。但西南航空對於那15％的市場並沒有興趣，它看的是另外那85％的市場。

若你問西南航空競爭對手是誰，他們會說：「汽車和長途巴士。」他們真正的意思是：「我們想服務的是一般大眾。」那就是他們的為什麼，他們的理念、目標，以及存在的理由。至於怎麼做？他們並沒有花大錢，聘請顧問公司研擬策略，也沒有模仿其他公司，參考別人的最佳實務。他們的工作原則及價值觀，直接來自他們的為什麼，看起來再常識不過。七〇年代搭飛機非常貴，想要服務一般民眾，票價就必須非常便宜，這是必要條件。那時候，搭飛機幾乎是精英階級的專利，大家坐飛機還會打領帶。想為一般民眾服務，西南航空就得讓飛行體驗變得更輕鬆、有趣。在那個年代，搭飛機不但嚴肅又複雜，在不同時間訂票，票價還不一樣。要為那85％的人服務，化繁為簡又是另一個必要條件。於是，西南航空決定只推出兩種票價：平日價與夜間／週末價，就這麼簡單。

便宜、有趣、簡單，這就是西南航空的怎麼做，是他們服務一般大眾的做法。他們的信念和言行，完全反映在具體有形的結果上，包含提供的產品、聘用的人員、企業文化，以及市場行銷方式等。他們的廣告詞是：「自由來去美國各地」，這不只是口號，而是希望吸引到追隨者的理念。那些認同西南航空的想法，認為自己就是一般大眾的人，現在也有機會坐上大飛機了。這些人成為這家航空公司的死忠顧客，他們覺得西南航空是為他們而成立的，也是為了服務他們而存在的。更重要的是，他們認為搭乘西南航空，可以反映出他們是什麼樣的人。而這種顧客忠誠度，跟票價一點關係也沒有，票價只是實踐理念的方法而已。

西南航空的前總裁霍華・普特南（Howard Putnam）很喜歡說一個故事。有次他去參加活動，會後某間大企業的高階主管跟他打招呼，他說公務飛行時，他因為公司規定，一向都搭大型航空公司的班機。他在這些航空公司累積了很多里程，可以換很多免費機票，但只要是私人行程，他一定都搭西南航空，因為他「熱愛西南航空」。票價便宜，並不表示他們只能吸引到物質條件不豐厚者，那只是他們用來讓人了解公司理念的方法之一。

西南航空的成就已經成為業界的經典範例。由於他們深知自己的為什麼，也能有紀律地遵循怎麼做的原則，於是成為有史以來獲利最佳的航空公司。成立至今，沒有一年虧錢，包括九一一事件之後，以及七〇年代和二十一世紀初期的幾次石油危機。西南航空的一言一行都很真誠，他們所做的每件事，都忠實反映金恩與凱勒赫當年創業的初衷，從未偏離。

聯合航空（United Airlines）與達美航空（Delta）眼見西南航空的成功，也決定推出廉價航線，希望能夠複製西南航空的成功。他們想：「我們也要參一腳。」2003 年 4 月，達美成立了廉價航空 Song，不到一年，聯合也成立泰德航空

（Ted）。兩家廉航學習西南航空的做法，也想做到便宜、有趣又簡單。搭過 Song 或泰德的人都知道，它們的確有做到便宜、有趣又簡單。然而，兩家都沒有成功。

聯合和達美都是航空業老手，當然有能力因應市場推出新商品，但問題不在商品，而是沒有人知道它們為什麼存在。這也無妨，當然還是有人會搭他們的飛機，問題是他們創造不了高忠誠度。無法清楚表達價值，大家只好以價格及方便性來評估他們，於是他們成為不具特殊價值的一般商品，只能靠操弄手法來推動業務。由於操弄的代價極高，兩家航空苦撐四年左右便草草歇業。

大家常有一個錯誤的假設，認為我們應該在「怎麼做」及「做什麼」上做到差異化。但光靠提供高品質的商品、更多功能、更好的服務，或是更具競爭力的價格，都無法保證成功。差異化的執行，應該從「為什麼」和「怎麼做」著手。西南航空不是世界上最好的航空公司，票價也不是最便宜，航線比很多競爭者少，甚至沒有美國以外的國際航線。他們做的不見得比較好，但他們的為什麼清晰無比，所做的每件事也都忠於自己的理念。有很多方法能刺激別人採取行動，但唯有真的能啟發人心，才會創造出忠誠。只有理念清晰，而且別人也真正認同你們的理念，才有可能培養出高忠誠度。

## 操弄與感召——有點像，卻不一樣

操弄和感召都能啟動人類大腦的邊緣系統。煽惑性訴求、恐懼或同儕壓力都能引發我們不理性的欲望，或玩弄我們的恐懼心理，促使我們做出決定。但只有比一般的不安全感、不確定或夢想更深層的感覺，才能讓我們的情感反應符合我們對自己的看法。這時，我們的行為不是被誘發的，而是被感召的。受到感召時，我們所做的決定與自己比較有關，而與我們所買的產品或打交道的企業無關。

當我們「感覺對了」的時候，我們會願意多付一點代價或忍受一些不便，以獲得我們想要的產品或服務。這件事與價格或品質無關。價格、品質、功能及服務固然重要，但現在，它們都只是進入一個市場的基本門票而已。真正能夠創造忠誠的，是我們大腦邊緣系統所控制的感覺與情感。讓蘋果、哈雷機車、西南航空、金恩博士或任何偉大領導者擁有驚人優勢的，正是忠誠度。沒有一群忠實支持者為基礎，不得不使用操弄手段的壓力就來了，也就是以價格、品質、服務或功能來進行競爭或差異化。忠誠度、真正的情感價值是藏在顧客的大腦裡，而非企業所動的腦筋裡。

你很難以任何外在、理性，或你所認定的價值，來說服別人應該買你的產品或服務（還記得法拉利和本田的例子吧）。但是，當你的為什麼與別人的為什麼產生共鳴，別人就會用你的產品或服務來反映、證明他們個人的信念。當為什麼、怎麼做及做什麼達到平衡時，真誠油然而生，而購買的人也會因而擁有極大的滿足感。當這三件事不平衡時，壓力或不確定感就會出現。發生這種情況時，我們所做的決策也將失衡。不清楚為什麼，買家就很容易受到蠱惑及恐懼的影響而做錯決定。這時，最大的風險落到了買家身上——他們自己會變得不真誠。如果他們買了不能反映自己真正信念的東西，他們身旁的人就很難正確地瞭解或判斷他們到底是什麼樣的人。

人類是社會性動物。我們很容易就能在別人的行為中發現蛛絲馬跡，並據以判斷對方是什麼樣的人。正如同我們分辨得出好人與壞人，我們也能夠分辨出好公司與壞公司。有些人就是讓我們覺得值得信賴，有些人則完全得不到我們的信賴感。當一些組織向我們獻殷勤時，我們也會產生不同的感受。我們分辨人與組織的能力幾乎一模一樣。說話、獻殷勤的人或有不同，但聆聽的卻都是同一個人。比方說，當一家企業在電視上大打廣告時，無論看到的人有多少，接收訊息的都是一個個獨立的個人。這就是黃金圈的價值——它為我們提供了一種方式，讓傳遞的訊息可以與接收訊息的人產生共鳴。因此，每一個組織都必須清楚自己的本質、目的與理念，並確保所言所行與自己的信念一致、完全出於真誠。只要黃金圈達到平衡，所有認同這個組織的人，自然會受到這個組織及其產品的強烈吸引，如同飛蛾撲火一般，自然湧至。

## 做生意就像約會

讓我向大家介紹一位虛構的朋友布萊德。布萊德今天晚上有個約會。這是他和對方第一次約會，他非常期待。他覺得對方很漂亮，也是非常適合交往的對象。兩人坐上餐桌，布萊德開始說話。

「我非常有錢。」
「我有一棟大房子，還有一部很棒的車。」
「我認識很多名人。」
「我常上電視。這很棒，因為我覺得自己長得很帥。」
「事實上，到目前為止，我對自己的成就頗感滿意。」

各位覺得，布萊德還有機會再約到第二次約會嗎？

我們的溝通模式及行為模式同樣出於生物本能。也就是說，我們的社交模式與工作中的行為模式有一定的相似性。畢竟，一頭牛牽到北京還是牛。要知道**為什麼**如何在商業市場發揮作用，只要參考一下我們的約會模式，就八九不離十了。因為事實上，行銷和約會根本沒兩樣。兩種情況下，我們都與對方隔桌相對，希望自己能說出夠「正確」的話，以便順利成交。我們當然可以多耍點心機、多用點手段，比方說，訂一頓最精緻的晚餐、暗示你有某表演的門票，或是你認識哪些名人。你有多想成交，就會如何說盡對方想聽的話。只要你肯盡量滿足對方的需求、許下一切承諾，你當然很有機會順利成交。但是，一次、兩次。一旦次數多了，維持這份關係的代價也就愈來愈高。無論你選擇使用哪種操弄手段，它絕對無法幫你建立起信任關係。

以布萊德為例，這次約會的結果顯然不會太好。他再約到對方的可能性極低，因為他顯然沒有為雙方的關係打下良好基礎。諷刺的是，對方先前對布萊德有興趣，很可能是因為同樣的因素。對方願意與布萊德碰面，或許就是因為她的朋友告訴她，布萊德人長得又帥、工作又好，而且認識一堆名人。雖然這些條件都是真的，但「做什麼」並無法打動人心。「做什麼」應該是用來說明為什麼的，因此，這份關係只好無疾而終啦。

讓我們再為布萊德安排一次約會。這一次，他會從為什麼開始。

「你知道我最感到最慶幸的是什麼嗎？」他開啟話題。「我最慶幸每天早上眼睛一睜開，我就能做一些自己最喜歡的事情。我可以啟發別人去做最能發揮他們潛能的事。這真是世界上最奇妙的事了。我最大的挑戰，就是去發掘更多不同的方法來做這件事。更棒的是，做這件事還能讓我衣食無虞。我擁有一棟大房子，還有很棒的車子。我的工作還讓我認識很多名人、常上電視。幸好我長得還算過得去，所以上電視也還滿好玩的。我真的非常幸運，能夠做自己真心喜歡的事情，而且還因此而擁有了一點成果。」

這一次，如果對方真的認同布萊德的價值觀，他再約到對方出來的機會可就大了。更重要的是，他們的關係是建立在一個以價值觀及信念為出發點的良好基礎之上。布萊德說的內容與第一次沒什麼不同，唯一的差別是，這一次他是從為什麼開始，而他所擁有一切有形的成果，只不過是他實踐自己的為什麼最具體的證據。

現在，讓我們想想許多企業都是怎麼做生意的。有些人在你對面坐下，他們已經聽說你是很好的潛在客戶，於是他們開始告訴你：

「我們公司經營得非常成功。」

「我們的辦公室非常漂亮，您應該找時間過來參觀一下。」

「我們的顧客都是一流的大公司、一流的品牌。」

「相信您應該看過我們的廣告。」

「我們的表現真的還不錯。」

和一個差勁的約會一樣，企業界也有許多公司，一碰到面就拚命想向別人證明自己的價值，但卻無法先說清楚自己的為什麼，也就是他們存在的理由。要人家對你感興趣，你不能一碰面就掏出自己的履歷表。但這正是許多企業的做法。他們給你一張長長的清單——他們做過什麼事、認識哪些人。他們認為，這些清單的吸引力會讓你難以抗拒，因而決定與他們做生意。

但人就是人，無論在個人生活領域或專業工作領域，決策的生物本性完全相同。如果這種溝通模式在約會時會讓你踢到鐵板，那我們又如何期待它在商場會產生不同的結果？

就像約會一樣，想要只靠外在、理性的功能及好處來說服潛在客戶、與對方建立起信任關係，根本是緣木求魚。那些因素固然重要，但你只能把它們當作輔助性的證據，讓消費者能夠以此來證明自己的購買行為是正確的。所有的決策都一樣，大家要買的不是你做的是什麼，而是你為什麼而做。你做什麼，只能當作你為什麼而做的一種有形的證據。除非你從為什麼開始，否則大家就只能依據理性的因素來做決策。這麼一來，你恐怕就很難獲得第二次約會的機會了。

但你還可以試另一種做法：

「你知道我為什麼這麼喜歡我們公司嗎？因為每天早上一睜開眼睛，我們每一個人都能做一些自己所熱愛的事。我們可以啟發別人去做那些最能啟發他們自己的事。這真是世界上最奇妙的事了。事實上，最有趣的部分，就是去發掘出更多不同的方法來做這件事。更棒的是，這樣做真的對公司的大有好處。我們的業務蒸蒸日上。我們有漂亮的辦公室，哪天路過你絕對要進來看一下。許多我們的客戶都是最大的企業。相信你一定看過我們的廣告。我們真的發展得還不錯。」

現在，你是不是有把握，這第二種說法會比第一種有效？

## 三種把握——我想、我覺得、我知道

當我們只能根據理性、依賴一些具體的因素來做決策時，最有把握的說法就是：「**我想**這是個正確的決定。」這種說法就生物學而言完全正確，因為我們啟動的正是大腦的新皮質，也就是思考的部分。在這個層面，我們可以明確說出自己的想法。當我們花很多時間查資料、聽專家解說電漿電視和液晶電視或戴爾電腦與惠普電腦的差別時，情況就是如此。

當我們根據直覺做決策時，我們最有把握的說法通常會是，「**我覺得**這是正確的決定」——即使它有違眼前的數據或資料。同樣的，這種說法在生物學上也很精準，因為直覺決策就是來自我們大腦中負責感覺的部分，但它並不負責掌管語言。當你問最成功的創業家或領導者，他們的成功秘訣為何，答案幾乎如出一轍：「相信自己的直覺。」而當事情出問題的時候，他們常會告訴你，原因是「雖然我心裡覺得不對勁，但我還是聽了別人的意見。我應該相信自己的直覺。」這種做法沒問題，只是它很難量化。直覺決策只能出自單一個人。對個人或小型組織而言，運用直覺是個可行的決策方式。但當你需要眾人都覺得某個決策是對的，你才有可能成功的時候，又該怎麼辦呢？

這就是為什麼發揮威力的時候了。能將為什麼說清楚，就能為決策注入情感的力量。它比「**我想**這是個正確的決定」更讓人有信心、比「**我覺得**這是正確的決定」更能夠量化。當你清楚知道自己的為什麼，你最有把握的說法會變成：「**我知道**這個決定是正確的」。當你知道一個決定是正確的，你不但覺得它對、了解理由，還可以具體說出來。這個決定達到了完美的平衡。因為理性的做什麼，為感性的為什麼提供了具體的證明。當你能夠清楚說出讓你做出某些直覺決策背後的那些感覺，或當你能清楚說明自己的為什麼時，你身旁的人就能理解你為何會做出這個決定。如果你的決定與客觀事實、數據相符，它們就能強化你的決策──這是一種平衡。如果你的決策與眼前的事實、數據有所抵觸，你的為什麼也能幫助大家多考慮一些其它的因素。它能讓爭議性的決策，從感性的爭辯轉為理性的討論。

舉例來說，我之前的合夥人有時會因為我回絕了某筆生意而非常不高興。我會告訴他，因為那個客戶「感覺」不太對。他簡直快要抓狂，因為「錢就是錢，難道他的錢比較不值錢？」他會這樣反駁我。他完全無法理解我為什麼會做這樣的決定。更糟的是，其中原因連我自己也講不清楚。反正我就是有那種「感覺」。

但現在就完全不同了。如今，我能很清楚的說明為什麼我會做這份工作——為了啟發別人去做能啟發他們的事。如果我現在因為和過去一樣的直覺而做出相同的決定，我不再需要與人爭辯，因為我身旁的人都知道，我為什麼會做出那些決定。我們拒絕某些生意，是因為那些潛在客戶與我們的理念並不相合。他們對於啟發別人毫無興趣。有了清楚的為什麼之後，是否要接受一個不適合的客戶，就會轉為一種理性的討論——這些客戶給我帶來的短期利益，是否值得我們承受因此而產生的不平衡。

經營事業的目標，不應該是與所有對你的產品有興趣的人做生意、來者不拒，而應該專注於跟與你理念相同的人合作。當我們有所堅持、只願意和與自己理念相同的人做生意時，信任自然就會產生。

PART III

# 領導力，來自建立信任

06

# 企業的成敗在於創造歸屬感

要說大多數員工都以這家公司為恥，恐怕還太客氣了。員工覺得自己沒有受到公平待遇，早已不是祕密。如果一家公司虧待自己的員工，員工會如何虧待公司的顧客，應該不難想見。土石流從山上傾洩而下，山腳下的人絕對受創最深。對企業而言，住在山腳下的通常就是顧客。這就是 1980 年代大陸航空（Continental Airlines）的寫照，它成了全球航空業界最糟的一家公司。

「1994 年 2 月，走進公司大門的那一刻，我馬上看出大陸航空最大的問題，」大陸航空執行長貝紳（Gordon Bethune）在《新反敗為勝》（*From Worst to First*）一書中，提出了自己的第一手觀察。「在那樣的地方工作，真的很慘。」他說。大陸航空的員工「對顧客態度惡劣、對同事態度惡劣，更為自己的公司感到羞恥。如果員工心不甘情不願地來上班，公司不可能做出好產品。真的不可能。」

領導西南航空長達二十年的凱勒赫，一向被視為標新立異之徒，他提出了一個概念：企業的基本責任是先照顧好員工的權益。他堅持，一定要有快樂的員工，才會有快樂的顧客；有了快樂的顧客，才會有快樂的股東，而且一定得按這個順序來。幸好，貝紳完全同意凱勒赫的看法。

有人認為，大陸航空的企業文化會如此惡劣，是因為公司營運出了問題，它正在掙扎求存。他們認為，當企業面臨生死存亡的關頭，公司高層真的很難兼顧其他事。「一旦公司重新開始獲利，」他們的邏輯是，「我們就可以再照顧其他事情了。」1980 年代到 1990 年代初期，大陸航空一直身陷危機、無法脫身。八年內，大陸航空兩度在 1983 年及 1991 年申請破產保護，十年內換了十位執行長。1994 年，貝紳接手。當年度，大陸航空的虧損金額高達六億美元，在航空業的每一項評比中都敬陪末座。

貝紳上台後立刻扭轉局面。大陸航空第二年馬上轉虧為盈，賺進 2.5 億美元，而且很快名列全美最佳航空公司之一。不但在公司營運方面交出漂亮的成績單，貝紳真正的成就，其實是在另一項非常難以評估的項目：信任。

信任的產生，不會只因為企業對於顧客為何應該選用自家產品或服務提出一套合理的說法，或是企業主管承諾做出變革。信任也不是一份工作清單，按清單逐一完成所有工作事項，並不能創造信任。信任是一種感受，不是一種理性經驗。

即使事情出了一些問題，我們對某些人的信任依然不會動搖。相反地，就算每一件事情都按照計畫進行，我們仍無法真正信任某些人。完成責任清單上的所有工作，未必能帶來信任。信任會產生，是因為我們覺得一個人或一個組織做事的時候，並不只是為了自身的利益。

隨信任而來的，是某種價值，一種真正的價值，而不是以金錢來衡量的價值。就定義而言，價值就是一種信任。正如你無法說服別人自己很有價值，你也無法說服人信任你。你必須以實際行動，展現自己與別人擁有相同的價值觀與信念，才能「贏得」別人的信任。你必須說清楚自己的為什麼，並以做什麼來證明自己所言不假。換句話說，為什麼是一種信念、怎麼做是我們用來實踐信念的行動，而做什麼則是行動的結果。當三者達到平衡，信任就得以建立、價值也獲得確認。這正是貝紳所做的事。

許多優秀主管都擁有傑出的營運管理能力，但偉大的領導者需要的絕不只是營運管理能力。「領導」（leading）與「當領導」（being the leader）不同。「當領導」只代表你居於組織中的最高職位，無論是公平得來、含著金湯匙出生，或是靠搞鬥爭贏來的。但「領導」的意思卻代表別人願意追隨你——不是因為領人薪水、奉命行事，而是因為心悅誠服。貝紳之前的羅倫佐（Frank Lorenzo）或許也擁有大陸航空執行長的頭銜，但真正知道如何領導大陸航空的卻是貝紳。領導者能領導，是因為追隨他的人相信，領導者的決策是以他們的最高利益為優先。因此，信任領導者的追隨者就會願意賣命工作，因為他們相信自己是在為一個比自己更偉大的目標或信念而努力。

貝紳上任以前，大陸航空的二十樓是高階主管專屬樓層，閒雜人等不得進入。每位主管的辦公室都上了鎖，甚至只有副總裁以上的人才能上這層樓。這層樓需用保全卡才能進入，到處都是監視器，荷槍實彈的警衛來回穿梭，要確保大家都知道此處的保全不是開玩笑的。這家公司顯然有嚴重的信任問題。大陸航空還流傳一個故事，當羅倫佐搭乘大陸航空自家班機時，不是他自己親手開瓶的飲料，他是不會喝的。他不信任任何人，難怪也沒有任何人信任他。如果應該被你領導的人都不肯追隨你，你很難成為一位領導者。

貝紳的做法完全不同。他很清楚，除了一些基本架構及制度，公司就只是一群人而已。「你不能對自己的醫生撒謊，」他說，「你也不能對自己的員工不誠實。」為了改變大陸航空的企業文化，貝紳決定讓每個人都擁有一些值得他們相信的東西。他到底給了大家什麼，竟然能讓一家最糟的航空公司，變身為業界模範生？他們是同一群人，使用的也是同樣的資源與設備。

大學的時候，我有一位名叫霍華·耶路齊莫偉茲（Howard Jeruchimowitz）的室友。現在在芝加哥當律師的霍華，很小的時候就了解到一種人性的基本渴望。霍華在紐約市郊長大，小時候在一支很爛的少棒隊擔任外野手。他們幾乎每比賽必輸，而且比數通常很難看。他們的教練是個好人，希望這些小球員能保持積極正面的態度。又一次慘敗之後，教練集合所有隊員，告訴大家，「輸贏不重要，重要的是大家有沒有盡力。」這時，年輕的霍華舉手問道：「如果輸贏不重要，那我們為什麼要計分？」

霍華從小就了解人類一心想贏的天性。沒人喜歡輸的感覺，大多數心理健康的人，活著就是為了要贏，只是每個人想贏的東西不太一樣而已。有些人的分數是金錢，有些人是名聲或榮譽。對另一些人來說，他們心中計算的分數也可能是權力、愛情、家庭，或是心靈上的滿足。比賽或有不同，想贏的渴望都一樣。一位億萬富豪根本不需要工作，但金錢卻可能是他給自己計分的方法。因一個錯誤的決策而損失幾百萬，也會讓一位億萬富豪心情沮喪，即使這點錢對他的生活毫無影響，但就是沒有人喜歡輸的感覺。

想贏本身不是壞事。但是，當比賽的結果成了唯一的成功指標，當你所追求的結果不再與你原來的為什麼有關時，問題就來了。

貝紳想要向每一位大陸航空同仁證明，只要他們想贏，他們一定做得到。絕大多數的同仁都決定留下來，看看貝紳所言是否屬實。但其中也有些例外。一位曾經因為自己遲到而要求班機延後起飛的高階主管就被要求離職。事實上，大陸航空六十位高階主管中，有三十九位都因為不相信貝紳、不認同他的理念而走人。無論這些人的資歷有多深、貢獻有多大，如果不願意成為團隊的一員、無法適應貝紳想要建立的新文化，就必須離開。

貝紳很清楚，要建立一支能打勝仗的團隊，需要的絕不只是幾場振奮人心的演講，或是在達到業績目標時，頒發獎金給高階主管。他知道，想建立真正長久的成功，大家必須自己想贏。不是為他贏、不是為股東贏，甚至不是為顧客而贏。大陸航空想要獲得長久的成功，所有的員工必須想要為自己而贏。

他說的每一句話，都從員工的利益出發。他不是要求員工為了顧客而做好機艙清潔，他指出一項事實：大陸航空的員工每天都在飛機上工作，乘客抵達目的地後就會下機，但機組人員至少都得再飛一趟才能離開班機。如果每天能在清潔的環境中工作，最受益的豈不是自己？

貝紳也撤掉了二十樓所有的保全和警衛。他勵行「門戶開放政策」，大家非常容易就能找到他。他甚至會出現在機場的行李搬運區，與工作人員一起搬行李。他想告訴大家，從今以後，大陸航空是一個大家庭，每個人都必須捲起袖子、攜手合作。

貝紳將注意力放在一些大家都知道很重要的事。對航空公司而言，班機準時是最重要的。1990 年代初期，也就是貝紳上任前，大陸航空的準時起降率在全美十大航空公司中，排名倒數第一。於是貝紳宣布，只要大陸航空的準時起降率能排到前五名，每位員工當月都可以收到一張六十五美元的獎金支票。1995 年，大陸航空總共有四萬員工，只要準點，每個月的獎金金額將高達 250 萬美元。但貝紳知道這個做法非常划算。班機延誤的問題讓大陸航空當時每個月都花超過五百萬美元補償旅客因轉機延誤及過夜產生的費用。然而對貝紳而言，更重要的是這套獎金制度對企業文化的影響，它讓大陸航空所有的員工（包括主管），多年來第一次方向一致、目標相同。

只有高階主管可以坐享成果的日子過去了。只要公司表現優異，每個人都能拿到六十五美元。未達目標，沒有一個人有獎金可拿。貝紳甚至堅持獎金支票必須單獨寄發，因為它不是薪水的一部分。它的意義大不相同——它是勝利的象徵。每一張支票上都會附上一句話，提醒每一個人他們為什麼來工作：「謝謝你，讓大陸航空出類拔萃。」

「我們用同仁真正能掌控的事情作為評量的標準，」貝紳說。「我們讓成功成為一件大家必須共同承擔的事情，單打獨鬥毫無意義。」他們所做的每一件事都讓大家覺得，大陸航空的每一個成員都是榮辱與共。而他們確實如此。

## 在適合的文化，才能發光發熱

人類能生存繁榮，絕不是因為我們是動物界中最強壯的一種，我們差遠了。體型與力量絕不能保證成功。人類成為繁榮昌盛的物種，是因為我們擁有建構文化的能力。所謂文化，就是一群因共同的信仰和價值觀而聚集的人。當我們和別人擁有相同的價值觀與信念，信任就得以產生。信任讓我們願意仰賴別人的幫助，來保護自己的家人及自身的安全。願意離開自己的聚落、出外狩獵或探險，同時對於所處的群體有足夠的信心，相信其他人會在自己出外時，幫忙保護自己的家人與財產，這絕對是人類得以存活、繁榮、進步的一項重要因素。

我們會信任那些與我們擁有相同信念及價值觀的人，這件事本身並不是什麼重大的發現。我們並不會和所有認識的人都成為好友。我們只會和那些與我們理念一致、看法相近的人成為好友。無論從客觀條件看，我們與另一個人有多類似，這些條件無法確保我們一拍即合。我們也可以從宏觀的角度來看這件事。這個世界上有太多不同的文化。美國文化不比法國文化好，它們只是不同而已。文化沒有優劣。美國文化較重視開創、獨立、自主的價值與精神。我們稱自己的為什麼為「美國夢」。法國文化則特別重視身分認同、群體精神，以及「生活之樂」（我們都直接以法文 joie de vivre，來形容 joy-of-life 這種生活型態，或許不是沒有原因的。）有些人比較喜歡法國文化，有些人比較適合美國文化。沒有孰優孰劣的問題，只是不同而已。

很明顯地，成長於一種文化的人，絕大多數都還是會比較適應那種文化。但這並非絕對。也有人從小生長在法國，但就是覺得自己在法國文化中找不到歸屬感。他們與自己成長的文化格格不入，於是決定搬到別的地方，或許就是美國。由於深受美國的為什麼所吸引，他們決定追隨所謂的「美國夢」，成為移民。

許多人都認為，促進美國發展最大的動力就是移民。但並不是每一位移民都是社會進步的動力，也不是每一位移民都具有開創精神。只有真心受到美國吸引的人才是如此。這就是為什麼的力量。當為什麼清楚展現，就能吸引擁有同樣信念的人紛紛加入。如果與美國的信念相合，這些移民會說：「我非常喜歡這裡，」或是「我非常喜歡這個國家。」這種發自內心的反應和「美國」比較無關，而是與這些人自身比較有關。他們覺得在這種文化中，自己會比較有機會發揮。

美國的為什麼還可以拆解得更精細。有些人比較適合高度競爭、快節奏的紐約，有些人則比較適合中西部大草原的步調。文化沒有優劣的問題，只是不一樣。比方說，有些人一心夢想搬到紐約生活，因為他們深愛絢爛的都會風情，或認為大都市充滿機會。他們滿懷希望，認為自己一定能大展身手、闖出一片天，卻未能在打包前仔細衡量自己是否真的合適這種文化。有些人確實成功了，但更多人鎩羽而歸。多年來，我看到許多人滿懷希望與夢想來到紐約，但要不是沒找到理想的工作，就是根本承受不了伴隨而來的壓力。他們不是笨蛋、不是壞人，也不是能力不足。他們只是不適合紐約。他們要不是費力苦撐，結果天天痛恨自己的工作與生活，要不就是趕緊走人。如果他們搬到一個比較適合自己的地方，例如芝加哥、舊金山或任何其它地方，他們的生活常或許會快樂許多，工作事業也更成功。紐約並不比其他城市強，它絕對不適合每個人。和所有城市一樣，紐約只適合那些與它的步調、氣味相合的人。

文化特質強烈、個性鮮明的城市，大概都是如此。在一個比較適合自己的文化裡，我們當然比較能如魚得水。在一個與我們自己的價值觀及信念相符的文化裡，我們當然比較能有所發揮。正如企業的目標不是要與所有對你的產品有興趣的人做生意，而是盡量與自己理念相同的人合作。在一個與我們自己的價值觀及理念相符的文化，我們當然比較能發揮潛力、生活比較愉快、工作起來得心應手。

現在，讓我們想一想何謂「企業」。一家企業就是一種文化。一群因為擁有共同的價值觀或信念而聚集在一起的人。讓一家企業產生凝聚力的，不是它的產品或服務；讓一家企業強大的，不是它的規模或資源。真正的力量在於文化——從 CEO 到大廳接待人員，每一位員工都認同一套鮮明的價值觀及信念。也因此，企業要尋找的不是具備某種技能的人，而是認同自己企業理念的人。

## 尋找志趣相投的人

二十世紀初，英國探險家夏克頓（Ernest Shackleton）決心前往南極探險。當時，挪威探險家阿蒙森（Roald Amundsen）才剛成為首位抵達南極的人。但他還留下了一項極為重大的挑戰：經由地球最南端，橫越南極大陸。

這趟探險的陸路部分，是以南美洲底端嚴寒的威德海（Weddell Sea）為起點，一路跋涉一千七百英里，穿過南極端，抵達紐西蘭南端的羅斯海（Ross Sea）。根據夏克頓當時估計，總共需要二十五萬美元的經費。「橫越南極大陸將是人類有史以來最重要的一趟極地之旅，」1913年12月29日，夏克頓告訴《紐約時報》的一位記者說。「世界上尚未被征服的區域愈來愈少，而這正是少數尚待完成的壯舉。」

1914年12月5日，夏克頓率領二十七位探險隊員登上「堅忍號」（the Endurance），從威德海正式出發。這艘350噸的探險船是由私人贊助者、英國政府及皇家地理學會（Royal Geographical Society）的贊助而打造的。當時，一次世界大戰已在歐洲開打，探險隊的經費日益枯竭。雪橇犬隊的經費還是靠英國學童幫忙募捐而來的。

「堅忍號」從未抵達南極大陸。

從南大西洋的南喬治亞島（South Georgia Island）出發沒幾天，堅忍號就碰上了無邊無際的浮冰，一下子就被早到的嚴冬和嚴酷的氣候困住。四周的冰把船完全鎖死，讓她像「一顆夾在太妃糖裡的杏仁」，一位探險隊員如此寫到。夏克頓和他的隊員被困在南極長達十個月，「堅忍號」慢慢往北方漂流，直到終於被浮冰的壓力硬生生擠爆。1915 年 11 月 21 日，探險隊員眼睜睜地看著船沉入威德海冰冷的海水中。

困在冰上的探險隊員擠進堅忍號的三艘救生艇中，最後終於漂流到小小的象島（Elephant Island）。夏克頓決定帶領五位探險隊員穿越八百英里的惡劣冰流向外求援。最後，他們竟然做到了。

然而，堅忍號的故事最讓人動容之處，並非探險本身。在那一場嚴酷的挑戰中，竟然沒有一個人喪命，而且沒有發生任何叛艦喋血、同類相殘的情節。

這不是運氣，而是因為夏克頓用了一批對的人。他為探險隊找到了最合適的隊員。當你的組織裡全部都是對的人，也就是認同你理念的人，成功幾乎唾手可得。夏克頓又是如何找到這一支神奇隊伍呢？他只是在倫敦《泰晤士報》上登了一則簡單的徵人廣告。

讓我們拿這則廣告和一般企業招聘人員的做法比較一下吧。和夏克頓一樣，我們也會在報紙（或是像人力銀行網站等更現代的管道）刊登徵人廣告。有時我們還會找獵人頭公司幫忙，但流程大致相同。我們會提供一份清單，列出這份工作需要的資格及能力要求。最符合條件的應徵者，當然就是我們的最佳人選。

但問題卻出在這些徵人廣告的寫法。所有徵人廣告說的都是做什麼，而不是為什麼。比方說，我們的徵人廣告上會寫：「誠徵會計主管一名，五年以上經驗，熟悉會計相關業務。歡迎加入一家成長快速的優秀企業，享受最好的待遇與福利。」廣告可能會吸引到一大批應徵者，但我們又怎麼知道誰最合適？

夏克頓的徵人廣告卻不一樣。他沒有說他要找的人必須符合哪些條件。他沒說：「誠徵探險隊員。五年以上經驗。必須知道如何操弄主帆。歡迎加入一位優秀船長的團隊。」

夏克頓要找的人不只是如此。他要找的是一群天生就屬於這趟探險之旅的人。他的廣告是這麼說的：「危險旅程誠徵隊員。薪資微薄、天寒地凍、不見天日長達數月、隨時處於危險之中，無法保證平安返航。但若有幸成功，榮耀加身、名滿天下。」

結果，真正來應徵的，就是那些看了廣告之後，覺得深得我心、機會難得的人；他們熱愛挑戰極限。真正來應徵的，是能在絕境中求生存的人。夏克頓只想要與他理念相同的人。他們的求生能力與生俱來。只要員工有歸屬感，你的成功就指日可待。他們拚命想辦法突破、創新，不是為了你，而是為了他們自己。

偉大的領導者都有一種共通的能力——為自己的組織找到

對的人，也就是與自己理念相同的人。西南航空就是最好的例子。他們有能力找到能落實公司理念的同仁，讓為顧客提供優秀服務這件事變得容易得多。凱勒赫有一句名言：「用人不是看技能，而是看態度。因為技能隨時都能學。」聽來十分有道理，問題是，你要找的是哪種態度？萬一他們的態度與公司的文化不符呢？

我最愛問企業，他們喜歡雇用哪一種人？我最常聽到的答案是：「有熱情的人。」但你如何判斷一個人到底是對和你面談有熱情，還是對工作本身有熱情？事實是，這個世界上幾乎每個人都有熱情，只是有熱情的事不同而已。我們必須吸引到對相同的事情有熱情的人，而「從為什麼開始」就能大幅提升我們找對人的能力。找到履歷最漂亮、工作態度最好的員工，並不能保證成功。舉例來說，把蘋果最棒的工程師調到微軟去工作，很有可能會讓他變得不開心也無法發揮。同樣，微軟最棒的工程師可能也無法在蘋果出人頭地。兩位工程師都資質優異、勤奮努力。兩人或許都有最強有力的推薦。然而換公司以後，兩人可能都會適應不良。你的目標是要找到對你的為什麼、你的願景、你的理念有熱情的人，而他的態度也必須符合你的企業文化。只有在確認這件事之後，我們才能開始評估相關的技能與經驗。夏克頓可以花大錢，找來最有經驗的探險隊員，但若這些人只有能力，卻無法在更深層的信念上與夏克頓惺惺相惜，最後的結果恐怕就不會是全員獲救了。

多年來，西南航空一直沒有設置客訴部門，因為他們根本不需要這個部門。凱勒赫強調要找到態度對的人，而西南航空在找對人，以提供最優秀的服務這件事上，絕對成績斐然。凱勒赫顯然不是西南航空唯一負責做聘用決策的人，要每一位負責徵人的主管都只靠自己的直覺行事，未免太過冒險。西南航空真正厲害的地方，就是釐清為什麼某些人特別適合西南航空，然後再發展出一些能幫他們找到更多這種員工的制度。

1970 年代，西南航空決定讓空服員以熱褲、馬靴當制服（畢竟那是 1970 年代嘛）。這不是他們自己想出來的，最先這麼做的，其實就是西南航空的模仿對象太平洋西南航空。西南航空只是再度模仿了人家的做法。然而，西南航空卻因此而發現了一個連太平洋西南航空都沒發現的珍貴祕密。他們發現，當他們徵聘空服員時，來應徵的竟然都是一些大學啦啦隊員及樂隊隊員，因為只有她們不介意穿這套新制服上班。更重要的是，啦啦隊員及樂隊隊員與西南航空簡直就是絕配。她們不僅工作態度超好，而且天生就喜歡幫人加油、給人打氣、散播樂觀的氣息，引領群眾相信「我們一定會贏」。西南航空的目標是服務一般大眾，而她們正是最好的代表。發現這個祕密後，西南航空開始專找啦啦隊員和樂隊隊員。

優秀企業的做法不是先找來有技能的員工，然後想辦法激勵他們。他們的做法是找到心中原本就有動力的人，然後再啟發他們。人只分成兩種：有動力的人和沒動力的人。碰到有動力的人，除非你為他們提供一些可以認同、足以激勵他們大步向前的偉大目標，否則，他們恐怕就會激勵自己，另擇良木而棲，而你當然就只剩下那些不求長進的人可用。

## 我在建一座大教堂

想想兩位石匠的故事。你走向第一位石匠，問他：「你喜歡自己的工作嗎？」他抬頭看看你，回答說：「我已經記不清楚自己砌這道牆已經砌了多久。這份工作單調極了。我每天在大太陽下揮汗如雨。這些石頭實在很重，每天這樣扛石頭，總有一天我的背會斷掉。我甚至不確定自己能不能活著看到這棟建築完工。但至少它還是一份工作，可以讓我一家溫飽。」你謝謝他，繼續往前走。

走了三十步之後，你碰到另一位石匠。你用同樣一個問題問他：「你喜歡自己的工作嗎？」他抬起頭來，回答說：「我熱愛自己的工作。我在建造一座大教堂呢！沒錯，我已經記不得自己砌這道牆砌了多久的時間，而且，這個工作有時真的很單調。我每天都得在大太陽底下揮汗工作。這些石頭真的非常重，每天這樣扛石頭很可能會傷了我的背。我甚至不確定自己能不能活著看到這件事情完工。但重要的是，我是在建造一座大教堂呀。」

這兩位石匠做的事完全一模一樣。不同的是，其中一位胸懷使命、覺得自己有一種歸屬感。他每天來工作，因為他很高興能參與比自己工作內容偉大得多的事情。有了為什麼，讓他對自己的工作產生完全不同的看法。有了為什麼，他的工作更有效率，而且忠誠度絕對更高。第一位石匠非常可能因為別人給他稍微高一點的薪水，就立刻跳槽，但這位胸懷使命的石匠卻會超時工作，甚至婉拒另一份較輕鬆、薪水更優渥的職務，堅守這份有意義的工作。對第二位石匠而言，他的工作就和製作彩繪玻璃的大師，甚至大教堂的建築師本人一樣重要。他們是攜手同心在建造這座大教堂。這種並肩作戰的關係，創造出了一種同袍情誼。而這種同袍之情以及信任感，就是成功的基礎。人因共同的信念而並肩奮鬥。

理念清晰、使命感強烈的企業能夠讓員工深受激勵。這些員工的工作效率特高、創新力特強，而他們的工作士氣會吸引其他人加入這個團隊。顧客最喜歡的企業通常也是員工本身最熱愛的企業，這個道理其實一點也不難懂。當內部員工非常清楚他們為什麼來工作時，公司外部的顧客當然也就比較容易了解，為什麼這家公司那麼特別。在這種組織，從上到下，沒有一個人會看輕自己。每個人都需要彼此，才有可能成功。

## 從為什麼開始，成功水到渠成

這件事和二十世紀末的網路狂潮非常相似。一種新科技正快速改變世人對未來的看法。許多人在比賽誰可以最先達陣。當時是十九世紀末，而我們說的新科技就是飛機。當時航空業最知名的人物叫做蘭利。和同時代其他發明家一樣，他也想成為世界上第一個打造出動力飛行器的人。大家的目標都一樣，要成為以機械動力操控、完成載人飛行的第一人。好消息是，蘭利擁有一切最有利的條件來達成這個目標。換句話說，他掌握了一般人所謂的成功方程式。

蘭利在天文學界早負盛名，因而也為他贏得不少地位崇高的職務。他曾擔任史密森尼博物館祕書長，也曾任職哈佛大學天文台，並在美國海軍官校擔任數學教授。蘭利人脈廣闊，他的朋友遍布政界及企業界，包括鋼鐵大王卡內基，以及發明電話的現代通訊之父貝爾。他的研究經費非常充裕，美國陸軍部撥款五萬美元給他的研究計畫，這在當時可真是一筆鉅款。資金對他而言完全不是問題。

蘭利也聚集了當代最優秀的人才。他的夢幻團隊有試飛員曼里（Charles Manly），他是康乃爾大學（Cornell University）畢業的優秀機械工程師，以及來自紐約的汽車研發專家波爾澤（Stephan Balzer）。蘭利和他的團隊使用的是最先進的材料。當時，飛機市場的前景看好，而他的公關手腕也是一流。《紐約時報》每天繞著他轉。蘭利的大名老少皆知，每個人都等著看他的成功。

但其中卻有個問題。

蘭利的企圖心很強，但他的為什麼並不清楚。他打造飛機的目的，是建築在他做什麼，以及他能得到什麼的基礎之上。蘭利從小熱愛飛行，但他卻不知自己為何而戰。他只是想當第一名。他的動力是成功、成名、致富。

雖然在自己的領域中已經很有名了，但蘭利想要的是像愛迪生、貝爾那樣的名聲，也就是發明了某樣偉大的東西才能獲得的那種名聲。發明飛機成了蘭利揚名立萬的門票。他聰明過人、企圖心強烈。他掌握了大家心目中千古不變的成功方程式：有錢、有人、市場前景一片大好。但是今天，很少人聽過蘭利的名字。

就在幾百英里之外，俄亥俄州的戴頓市，奧維爾與韋爾伯·萊特兩兄弟也在造飛機。和蘭利不同的是，萊特兄弟缺的不只是東風，他們簡直毫無勝算、注定失敗。他們的計畫沒有私人贊助、沒有政府金援、沒有高層人脈。萊特兄弟只靠腳踏車店的微薄收入來支持自己的夢想。他們的團隊裡沒有人受過大學教育，包括萊特兄弟自己也一樣，有些人甚至連高中都沒唸完。在造飛機這件事情上，萊特兄弟所做的事和別人幾乎一模一樣。他們只有一件事情與眾不同──他們有夢。他們知道為什麼造飛機很重要。他們深信，只要能做出這台飛行器，就能改變整個世界。他們想到的是，如果成功，他們將為其他人帶來多大的益處。

「韋爾伯和奧維爾是真正的科學家，他們真心關切自己想解決的問題，也就是平衡與飛行，」萊特兄弟傳記作者托賓（James Tobin）指出。相反地，蘭利卻將太多心思放在獲取像自己的好友貝爾那樣的成就上。他知道，只有在科技上擁有重大突破，他才可能獲得那樣的名聲。托賓指出，蘭利「沒有萊特兄弟那種對飛行的真實熱情，他追求的是個人的成就。」

萊特兄弟努力實踐自己的信念，因而感召了身旁的人，熱情投入他們的行列。他們的使命感再清楚也不過。經歷一次又一次的失敗，大多數的人早就放棄了，但萊特兄弟的團隊卻打死不退。強烈的使命感讓這個團隊愈挫愈勇、屢敗屢戰。據說，每次萊特兄弟出門進行試飛，都會攜帶五套零件在身上，因為他們知道，他們至少會失敗那麼多次，因而也得重試那麼多次。

然後，那一刻終於發生了。1903 年 12 月 17 日，萊特兄弟在北卡羅來納州小鷹鎮（Kitty Hawk）的一塊空地上騰空而起。一次離地僅59秒、高度120英尺、速度非常緩慢的飛行，一項改變世界的新科技終於升空。

雖然這絕對是一個石破天驚的偉大成就，但幾乎沒有人注意到它的發生。《紐約時報》沒有在現場守候。由於心中的動力遠高於個人的名聲及榮耀，萊特兄弟並不介意等待世人慢慢發現他們的成就。他們自己非常清楚這件事對整個世界的重要性。

蘭利和萊特兄弟想做的事幾乎一模一樣，他們要打造的產品也完全一樣。萊特兄弟和蘭利都有非常強烈的動機，工作都非常賣力，而且也都有敏銳的科學頭腦。萊特兄弟比蘭利強的，不只是運氣而已。他們擁有一種使命感。蘭利的動力來自贏得名聲與財富，萊特兄弟的動力卻是信念。萊特兄弟讓身旁的人因信念而熱情追隨，蘭利卻得花大錢找人幫自己贏取財富與名聲。萊特兄弟從為什麼開始。就在萊特兄弟成功升空後沒幾天，蘭利立刻宣布放棄計畫，這進一步證明了他完全是以功利為出發點。他完全退出了這個領域。他原本可以說：「哇，他們的成就真是驚人，現在，我應該讓飛行科技更上層樓。」但他沒有。他覺得自己失敗、受辱，他自己的試飛最後以迫降在華府的波多馬克河（Potomac River）上收場，因而也引來所有媒體的訕笑。他最在意的其實是別人的看法，他關心的其實是成名。沒有爭到第一，就乾脆放棄。

## 給員工可以大膽創新的願景

夢幻團隊不一定都很夢幻。當一群專家一起合作，他們比較重視的常是個人成就，而非整體的利益。很多企業覺得自己必須付出天價才能找到頂尖人才效力，而結果通常也正是如此。這些人為你效力，並不是因為他們真心相信你的為什麼，而是為了你的錢。這正是最典型的操弄。付出天價，希望藉此換取創意，成功機會渺茫。相反地，聚集一群志同道合的人、為他們提供一個值得追求的目標，卻能創造濃厚的團隊意識及革命情感。蘭利召集了一個夢幻團隊，為他們提供一個發財的大好機會。萊特兄弟卻以一個遠超個人利益的偉大願景，吸引了一批志士熱情投靠。一般企業為員工提供的是一個工作機會，創新力特強的企業為員工提供的卻是可以全力投入的願景。

領導者最重要的工作不是自己提出偉大的創意，而是創造一個能孕育、激發偉大創意的環境。企業員工、第一線打仗的同仁，才是最應該、也最能找出新方法做事的人。比方說，直接面對顧客、接聽客服電話的人，絕對比坐在辦公室裡的主管更知道顧客最關心、最常碰到的問題到底是什麼。如果一家公司的員工被要求每天一定要準時上班、做好分內的工作，他們會做的，大概也就是如此。如果他們隨時都會被提醒公司成立的初衷（也就是公司的為什麼）、被要求在工作中隨時找尋可以實踐這些願景的方法，他們所做的，必然遠超過工作的基本要求。

舉例來說，發明 iPod、iTunes 或 iPhone 的並不是賈伯斯自己，而是公司裡的其他同仁。賈伯斯為蘋果提供的是釐清方向、打造環境、堅持一個偉大的目標，讓蘋果員工可以在這個環境中創新。也就是找出那些多數企業只求保住既有商業模式、掙扎求存，因而停滯不前的重要產業，然後積極介入、徹底挑戰現狀。這就是蘋果的為什麼，也就是賈伯斯和沃茲尼克創立公司的初衷，也是蘋果的員工、產品自此奉行的使命。它成為一種不斷重複的模式。蘋果的員工只是在各領域中不斷尋求各種方法，努力實踐這個初衷而已。而且，這個模式真的有用。

許多企業卻非如此。他們以做什麼，而非為什麼來定義自己，通常會要求同仁將創新的能量集中在某項產品或服務。員工得到的指示通常是：「把它變得更好」。蘋果的競爭者常將自己定義為「電腦製造商」，因此他們的員工每天到公司上班的目標，就是發展出「更創新的電腦」。而他們頂多就是增加一些記憶體（RAM）、增加一、兩項新功能，或是像某電腦製造商的做法——讓顧客可以自己設計電腦外殼的顏色。這種做法與足以改變整個產業走向的創意可差遠了。確實是不錯的特色，但絕對稱不上創新。如果大家很好奇，高露潔怎麼會一路發展出三十二種不同的牙膏。答案是，因為他們的員工每天到公司上班的目標，就是要發展出更好的牙膏，而非（比方說）找出方法來讓大家對自己更有自信。

蘋果並沒有什麼神奇的能力，可以霸占所有的創意。大多數的企業中也都擁有聰明、有創意的人才。然而，偉大的公司會為同仁提供遠大的目標或挑戰，以此激發創意，而非只是要求員工做出更好的補鼠器。那些會拚命花功夫了解競爭對手，希望透過增加功能來讓自己的產品「更好」的企業，只會讓自己深陷於做什麼之中難以自拔。為什麼清晰的企業通常不太去管競爭者在做什麼，只有搞不清楚自己為何而戰的企業，才會一直擔心、急於掌握競爭對手的一舉一動。

創新力不僅有助企業開創新局，更能幫助大家熬過困境。當員工是為了一個崇高的使命工作時，就會比較能承受挫折，甚至在困境中找到出路。懷抱清晰的為什麼來工作的人，比較不容易輕言放棄，因為他們清楚自己心中的崇高使命。愛迪生絕對是一個胸懷使命的人，他有一句名言：「我不是找到了『一種』發明燈泡的方法，而是找到了『無數』發明不了燈泡的方法。」

西南航空以「十分鐘周轉率」聞名於世，也就是在十分鐘之內完成下機、準備、再登機的流程。這項能力可以大幅提升航空公司的獲利，因為飛機停留在空中的時間愈長，航空公司賺的錢就愈多。但很少人知道，西南航空的這項創新，其實生於憂患。1971 年，西南航空的現金嚴重不足，必須賣掉一架飛機來維持營運。西南航空只剩下三架飛機，卻得完成四架飛機的載運量。他們只有兩種選擇：調低載運量，或是找出在十分鐘之內讓飛機再度升空的方法。「十分鐘周轉率」於焉誕生。

碰到這種困境，多數航空公司的員工恐怕都會雙手一攤，直接告訴你這件事辦不到。但西南航空的員工卻決定團結一致、共同找出方法，達成這項不可能的任務。今天，他們的創新成果仍繼續在幫西南航空賺錢。由於機場壅塞、飛機愈來愈大，每架飛機的載運量也跟著大幅增加，西南航空如今必須花二十五分鐘才能周轉一次。然而，只要西南航空每班飛機的周轉時間再多增加五分鐘，他們就得多買十八架飛機、增加將近十億美元的成本。

西南航空驚人的問題解決能力、蘋果展現的神奇創新力，以及萊特兄弟能以一支破銅爛鐵團隊，創造出改變世界的科技，其實都源於同一股力量：他們相信自己一定做得到，同時更信任自己的團隊，能放手讓夥伴全力發揮。

## 信任的定義

由霸菱爵士（Sir Francis Baring）成立於1762年的霸菱銀行（Barings Bank），是英國歷史最悠久的投資銀行。霸菱銀行曾經撐過拿破崙戰爭、兩次世界大戰，卻未能逃過一位自詡為「惡棍交易員」（rogue trader）的員工對風險的變態偏好。一位名叫尼克・李森（Nick Leeson）的交易員因為從事未經授權的高風險交易，在1995年一手搞垮了這家名聲響亮的老字號銀行。如果當時市場風向繼續朝有利方向吹，李森恐怕還會因此讓自己及霸菱銀行大賺一筆，成為公司的大英雄。

但金融市場和氣候一樣難以預料。李森的行徑是標準的賭博，這一點少有疑義。賭博和評估過的風險（calculated risk，又稱「計畫風險」）絕不是同一回事。評估過的風險認知到有發生重大損失的可能，事先做好準備，以面對那些不太可能發生、卻無法完全排除的風險。雖然航空公司告訴我們，飛機迫降水面的機率「真的不高」，但他們仍會為所有乘客準備救生衣。即使只是發揮一點心理作用，我們還是很高興他們這麼做。不這麼做，就等於是在賭博。為了保險起見、不賭運氣，沒有任何航空公司會願意承擔這種風險。

李森在霸菱銀行的職務非常奇怪，他既是交易員又身兼自己的主管。但這件事並不特別有趣。同樣的，一個人願意冒這麼大的風險、容許自己引發這麼大的傷害，也不特別有趣。這兩個問題都是短期因素。只要李森離開霸菱、轉換工作，或是霸菱之前確實指派主管、監督李森的工作，這兩個問題都會立刻消失。真正讓人覺得有趣的，是霸菱怎麼會發展出容許這種情況存在的企業文化。霸菱似乎完全忘了自己的為什麼。

霸菱銀行的文化不再是鼓勵大家為更高的使命而工作。霸菱的員工確實有強烈的工作動機，卻不是因為受到感召。大家都深受巨額獎金的激勵，但獎金卻不是鼓勵大家為整體利益努力。李森日後剖析整個問題時明白指出，他能長期從事這種高風險行為，並不是因為沒人發現他的危險行徑。問題更加嚴重——因為他們的文化完全打壓大家發出質疑的聲音。

「倫敦總公司的人彷彿全知全能，」李森說，「因此，沒有人願意提出任何愚蠢的問題，以免自己在眾人面前出洋相。」缺乏一套明確的價值觀與信念，讓霸菱的企業文化日漸委靡，開始出現一種自求多福、自掃門前雪的氛圍與環境。發生災難只是遲早的事。這是連山頂洞人都明白的道理——如果大家不以群體為優先，群體的利益必然蕩然無存。許多企業都有明星員工、金牌業務員之類的榮銜，但企業文化應該是以創造優秀人才為常態，而非特例。

信任是一件奇妙的事情。信任讓我們願意相信別人、依賴別人。我們依賴自己所信任的人、向他們尋求建議，幫助自己做出重要決策。信任是我們個人的生活、家庭、企業、社會及整個人類存續、進步的基石。我們信任群體中的人，願意將孩子交給他們，好讓自己可以安心出門吃頓飯。如果有兩位保母，一位經驗較少，但就住在附近，另一位經驗豐富，卻來自外地，我們通常會比較信任那位經驗比較少的本地人，而非經驗豐富的外地人。我們會說，自己無法信任外地人，是因為我們對他們所知有限。但事實是，我們對住在本地的保母通常也是所知不多——除了她們就住在附近之外。也就是說，當我們碰到對自己非常重要的事情時（例如自己孩子的安全），我們常寧可相信「熟悉度」，也不肯相信專業或經驗。我們比較願意將自己心愛的人事物，託付給住在自家附近，因此可能與我們的價值觀、信念比較相近的人，也不願意信任一位履歷很好，卻來自我們不熟悉的地方的人。

這件事非常重要。我們似乎應該好好思考自己用人時的考量：究竟哪一件事比較重要——應徵者的履歷與經驗，還是他們是否符合我們的組織文化？我們的孩子確實比公司徵人重要一些，但無論如何，我們採用的似乎是兩套完全不同的標準。選擇員工時，我們所用的是不是一套完全錯誤的假設？

綜觀企業及社會發展歷史，信任扮演的角色永遠大過技能。就像那對出門赴約的夫婦，社會中的群體敢於離家，就是因為我們相信，家人及家園在我們離家時會安全無虞。沒有信任，就不會有人願意冒險。沒有冒險，就不會有探索、不會有實驗、不會有社會整體的進步。這是一個非常重要的概念——只有當個人願意相信自己所處的文化或組織時，我們才會願意冒個人風險，去追求文化或組織整體的進步——不為其他原因，至少也是為了個人的健康與存活。

不論經驗多豐富、技巧多高超，當一位空中飛人要嘗試一種全新的動作時，他絕對會要求馬戲團為他架上安全網。如果難度特別高、真的攸關生死，他可能還會要求在正式表演時，也一定要架上安全網。除了萬一失手掉下來時可以救他一命之外，安全網還能提供一種心理上的安全感。知道下面有安全網，空中飛人就會勇於嘗試從未做過的高難度動作，或是願意一再演練這些動作。移除安全網，他就只會願意做一些安全、自己有把握的動作。對安全網的品質愈有信心，他就愈願意冒險、讓自己的表演更有看頭。除了為空中飛人提供安全網保護，馬戲團經理通常也會為其他表演者提供類似的安全措施。有了這種信任感，很快地，所有人員都信心大增、躍躍欲試，願意嘗試更困難的把戲。所有個別表演者的信心及冒險加總起來，馬戲團的整體表現當然就愈發精彩。精彩的表演必然帶來更多的觀眾。一時間，整個馬戲團突然大放異彩。但若沒有信任，這一切都不可能發生。對於一個社群或組織裡的人而言，他們必須相信領導者會為自己提供必要的安全網，包括實際上及心理層面。有了這種支持及安全感，組織裡的人就會願意多花一份力氣，組織整體當然也會受益。

我承認，有些人會願意在沒有安全網的情況下，率先或主動冒險。也有一些人，無論是誰為他留守後方、保衛家園，他都會義無反顧地探索未知。這些勇者當中，有些人理所當然地贏得創新者的名聲。他們努力突破極限，為人之所不敢為、推動企業發展，甚至促成社會進步。但也有些人，雖然同樣英勇，卻在還沒攻下任何灘頭、打下任何江山之前就先陣亡。

帶著降落傘跳下飛機和不帶降落傘就往下跳，差別非常大。兩種人都會獲得非常特殊的體驗，但只有一種人比較有機會再試第二次。一個藝高人膽大、喜歡在沒有安全網的情況下大展伸手的空中飛人，或許可以成為一個平庸馬戲團中的耀眼明星、幫忙撐住場面。但如果他哪次不幸送命或跳槽時，原來的馬戲團又該怎麼辦？這就是擁有一個只顧個人風光、不管組織死活的明星所必需承擔的風險。在這種情況下，這位明星的努力或許對他個人及整個組織都有好處，但這種好處顯然有時間上的限制。長遠而言，整個制度會崩解、組織也必然受害。因此，比較好的長期策略應該是建立信任、感召團隊成員發揮潛能，而非特別激勵像李森這樣天生愛冒險的人，大膽妄為。

偉大的組織之所以偉大，是因為組織裡的人都覺得自己「有人罩著」。強烈的組織文化可以創造出一種歸屬感，就像一張安全網。每個人來工作時，心中明白自己的老闆、同事，以及整個組織都在保護他。而這也將創造出同樣的心態及行為。也就是說，每個人所做的決策、付出的努力、行為模式，也都將以支持、造福、保護整個組織的長遠利益為出發點。

西南航空的「以客為尊」遠近馳名，但西南航空公司內部卻有一個政策——顧客不一定永遠是對的。西南航空不會忍受顧客欺負自己的員工。他們寧可請這種顧客改搭其他航空。這件事非常有意思。全美國最重視客服的航空公司，卻堅持將員工放在顧客前面。而打造出最佳客服的關鍵因素，正是這種管理階層與員工之間的信任關係，而非教條。因此，員工是否「信任」他們的組織文化，就成了他們能否「認同」組織文化的前提。沒有信任，這位員工可能就不會是適任的同仁，而且多半只會為個人的福祉而工作，不會考慮到組織的整體利益。但若員工非常認同組織的文化，他們願意「多走一里路」、努力探索、發明、創新、進步，以及最重要的，他們會願意一而再、再而三地這麼做的機率，必然大幅提升。 只有互信才能創造出偉大的組織。

## 信任來自平衡的黃金圈

「藍波 2 號」空軍准將強博（John Jumper）的無線電裡傳來他的呼叫代號。「180 度方向、25 英里，快速逼近中。」

「收到，」藍波 2 號回答，表示已在自己的雷達上看到敵機。身為一星將軍的強博是經驗豐富的 F15 戰鬥機飛行員，擁有數千小時的飛行時數、戰鬥時數超過一千小時。無論從任何角度來看，他都是美國空軍的佼佼者。出身德州的強博擁有非常輝煌的軍旅生涯。美國空軍所有機種他都飛過，從運輸機到噴射戰鬥機。戰功彪炳、受勳無數、指揮一整支戰鬥機隊，強博幾乎就是捍衛戰士的化身。聰明而且自信。

但那一天，強博的反應非常不合常理。距離敵機只剩 25 英里，他應該立刻開火，或採取其他的攻擊。擔心強博的雷達有問題，身在幾英里外的蘿賓森上尉（Lori Robinson）鎮靜地重複自己在雷達上看到的情況：「藍波 2 號，請確認雷達信號，敵機位於 190 度方向、20 英里處。」

身為空用武器管制員（air weapons controller），蘿賓森上尉正從空軍指揮控制中心的雷達上，嚴密監控整個戰局。蘿賓森上尉的責任是指揮飛行員面對敵機，讓飛行員使用機上的武器攔截、摧毀敵機。和民航機的空中管制員不同的是，空用武器管制員的任務不是讓所有的飛機保持安全距離，而是讓雙方彼此靠近。在空中戰鬥中，只有遠在指揮中心的武器管制員，得以透過他們的雷達螢幕，看到戰局的全貌。飛行員的機上雷達只能顯示他們正前方的情況。

然而，蘿賓森上尉認為自己的工作遠比盯緊雷達螢幕更重要。她認為自己的任務絕不只是當飛行員的眼睛和耳朵，讓他們能夠在每小時 1,500 英里的高速下向危險挺進。蘿賓森上尉知道「為什麼」自己的工作很重要。她認為自己的責任是為飛行員闢出一條安全的航道，讓他們能安心執行任務、更有信心挑戰自己及戰機的極限。正因如此，她的工作表現異常出色。蘿賓森知道自己犯不得任何錯誤。只要犯錯，她就可能失去飛行員對她的信任。更糟的是，他們可能失去對自己的信心。戰鬥機飛行員之所以能表現傑出，完全是因為擁有強烈的信心。

不幸，問題發生了。從強博傳回來的平靜語氣中，蘿賓森上尉知道，他可能完全沒有意識到威脅正在進逼。萬里無雲，沙漠上方兩萬尺高空，藍波 2 號那台造價兩千五百萬美元、以最先進科技打造的戰鬥機忽然警報聲大作。他察看雷達，發現敵機已迫在眼前。「右轉！右轉！」他朝著無線電大叫。1988 年 10 月 9 日，約翰・強博准將不幸陣亡。

蘿賓森上尉等待著。空氣中有一股令人毛骨悚然的寧靜。沒多久，強博怒氣沖沖地走進奈里斯空軍基地（Nellis Air Force Base）的簡報室。「妳害我送了命！」他對著蘿賓森上尉咆哮。位於內華達沙漠中的奈里斯空軍基地，也是美國空軍戰鬥機武器學校（Air Force Fighter Weapons School）所在地。

這一天，強博將軍被扮演敵軍的另一架戰機發射的模擬導彈直接命中。

「長官，這件事不是我的錯。」蘿賓森上尉冷靜地回答。「看一下雷達錄影帶，你就知道了。」強博當時是美國空軍第57聯隊的指揮官，自己就畢業於戰鬥機武器學校，也曾在奈里斯擔任教官。完成每一次訓練之後，他都會仔細檢討訓練過程中的每一個細節。飛行員通常必需藉助錄影帶來吸取經驗。錄影帶不可能說謊，這一天也是一樣。錄影帶顯示，出錯的確實是強博將軍，不是蘿賓森上尉。這是一個經典案例。強博忘了自己也是團隊的一員。他忘了，讓他在工作上表現得如此出色的，不只是他自己的能力。強博之所以能出類拔萃，是因為有太多人罩著他。一支他在高空中看不到的龐大後援部隊。

毫無疑問，強博將軍坐擁全世界最精良的設備、最先進的科技，以及最好的訓練。但真正讓他能充滿信心、圓滿達成任務的，卻是後援團隊的機械人員、教官、其他飛行員、美國空軍的文化，還有蘿賓森上尉。強博將軍忘記了自己「為什麼」會那麼傑出，因此在一剎那間做出讓自己送命的決策。還好，模擬訓練的好處就在這裡——讓我們能夠記取教訓。

內華達沙漠的那場教訓發生之後，強博將軍的軍旅生涯一路飛黃騰達。現為四星退休將軍的他，曾在2001年到2005年擔任美國空軍參謀長。這是美國空軍的最高軍職，負責美國本土及海外近七十萬現役、後備軍人、警衛隊及所有文職人員的組織、訓練及軍備供給。身為參謀首長聯席會議（Joint Chiefs of Staff）的一員，他與各軍種的首長共同為國防部、國家安全會議及美國總統提供建議。

然而，這個故事的主角並非強博將軍，而是蘿賓森上尉。如今，蘿賓森自己也是一位美國空軍准將，不用再埋首雷達螢幕，生活中也不再充斥「敵機」、「我機」等戰鬥用語。雖然她的職務改變了，但蘿賓森將軍每天所做的第一件事，仍是提醒自己到底為什麼而工作。

雖然不再有自己的「孩子們」（她這麼稱呼那些接受自己指揮的飛行員），蘿賓森將軍依然努力幫助其他人開闢道路，讓他們能挑戰自己及所屬單位的極限。「只要想著自己的日子已經過去了，現在重要的不再是你，而是你所負責的士兵，」在戰鬥機武器學校上課時，她不斷提醒自己的學生。「如果我們都能這麼做，」她告訴自己的學生，說的正是她的為什麼：「我們就能讓美國空軍以及美國更上層樓。這不就是我們從軍的目的嗎？」就是這份使命感、這種清晰的為什麼，才讓蘿賓森將軍的事業如此成功。這一點，是不是也特別發人深省？

努力為別人開路、讓別人能充滿信心地大展身手，這樣的精神同樣感召了她身邊的人，也回過頭來為她開路、讓她得以一展長才。在男性主導的軍中，身為女性的蘿賓森將軍卻為「領導」豎立了最佳典範。偉大的領導力不是來自威脅恫嚇。蘿賓森將軍證明了，偉大的領導者是以為什麼來領導。他們身體力行、活出自己的使命感，因而感召了身旁的人。

身為武器管制員，蘿賓森將軍是如此受到信任，許多飛行員在訓練時都會特別要求由她擔任管制員。「我得到最大的讚美，就是聽到有人說：『如果真的上戰場，我希望負責無線電另一端的人是蘿賓森。』她是美國空軍史上第一位指揮 552 空中管制聯隊飛出奧克拉荷馬市廷克空軍基地（Tinker Air Force Base）的女性指揮官。552 聯隊是美國空中作戰司令部（Air Combat Command，ACC）最大的聯隊之一。美國的空中預警控制（AWACS）機隊，也就是頂上裝有巨型旋轉雷達的波音 707 機隊，就是由 552 聯隊負責指揮。她也是第一位非飛行員出身的戰鬥機聯隊指揮官、美國空軍戰鬥機武器學校第一位女性教官，而這裡正是美國空軍培養頂尖「捍衛戰士」（top guns）的所在地。她還是武器學校最受歡迎的老師——連續七年獲選為年度最佳教官。她更是美國空軍部長以及空軍參謀首長行動小組的首位女性局長。2000 年，當蘿賓森還是上尉時，美國參謀首長聯席會議主席就曾說，蘿賓森一個人就扭轉了他對美國空軍戰力的看法。蘿賓森將軍的豐功偉蹟絕對不只如此，還可以繼續說下去。

無論用任何標準衡量，蘿賓森將軍都是不同凡響的領導者。有些主管常將自己變成樹上的猴子，他們會確保在自己上面的猴子往下看時，一定會看到一堆笑臉。不幸的是，那些在他們下面的猴子往上看時，看到的往往都是紅屁股。然而，像蘿賓森將軍這樣的優秀領導者，不論從上或從下，得到的都是尊敬。受命於她的人可以毫無保留地信任她，是因為他們知道，她會盡全力保護他們。「無論你們做了什麼，我都能解決，」大家常聽她這麼對自己的學生說。而那些在她上面的長官們，對她也有莫大的尊敬。「真不知道她怎麼能逃過那麼多的麻煩，」認識她的人會這麼說。更重要的是，他們說這些話時，滿臉都是笑容與尊敬。蘿賓森將軍能展現這麼傑出的領導力，並不是因為她聰明過人或特別懂得與人為善。她成為傑出的領導者，是因為她非常了解，贏得一個組織的信任，靠的不是凸顯自己的能力，而是服務好那些自己應該服務的人。一位傑出領導者之所以能贏得追隨者的忠心支持、順利達成任務，靠的其實是一種看不見的信任。蘿賓森將軍就圓滿達成了所有的任務。

我用軍隊為例，是因為特別能凸顯我的重點。信任真的至關重要。信任來自真心融入一個與你自己擁有相同價值觀及信念的文化或組織。當這些價值觀與信念受到很好的呵護時，信任就得以維繫。如果企業不能積極讓自己的黃金圈保持平衡（理念清晰、有紀律地執行、前後一致），信任必然逐漸崩解。任何組織都必需積極、主動地提醒每一位成員，這個組織為什麼而存在、它當初為什麼而成立、它所相信的是什麼。他們必需要求每個人都奉行這些價值觀及原則。只是把它們寫下來、貼在牆上絕對不夠，這樣太被動了。獎金、激勵制度必需根據這些價值觀與信念而設計。公司必須善待認同公司價值觀、願意善待公司的人。

有了平衡的黃金圈，認同組織文化的人就會相信，組織裡的每一個人都是為相同的原因而留在組織。要讓制度裡的每個人都相信，其他人也都以「讓組織更好」為出發點，這也是唯一的方式。這就是熱情的來源。當你覺得自己隸屬於一件比自己更重要的事情、是自己所相信的事情的一部分時，熱情就會自然產生。如果大家並不相信公司的制度是為了實踐自己的為什麼而設計，熱情就會逐漸減低。如果一個企業沒能好好處理「信任」問題，員工就只會準時上下班、只考慮自己的利益。這也是辦公室政治的根源——組織裡的人都只重一己之私、不惜犧牲別人或組織的利益。如果一家企業不能好好管理「信任」這件事，員工就不會相信公司，而自私自利也將成為每個人工作的主要動力。短期而言，這件事可能還會帶來一些好處，但長久來看組織必然日益衰微。

西南航空的願景大師凱勒赫比大多數的人都了解這件事。他清楚知道，要讓員工全心全意發揮所長，他必須創造一個環境，讓大家覺得公司真心關懷他們。他知道，如果員工覺得自己的工作真的很有價值，自然會拿出最好的表現。一位記者問凱勒赫，對他而言，股東比較重要，還是員工？凱勒赫的回答在當時簡直就是異端邪說（甚至到今天依然如此）：「很簡單，」他說，「當然是員工比較重要——公司對員工好，員工就會對顧客好，顧客就會一再上門，而股東當然就會很高興。道理就這麼簡單。」

## 別人對我們的影響力

你比較相信熟人還是陌生人？你比較相信廣告上說的，還是朋友的推薦？你比較信任哪一種餐廳服務員？會告訴你「菜單上的每一道菜都很棒」的，還是會老實告訴你，雞肉鍋比較不受歡迎的那一位？這些問題都太容易了？那麼，試試看這個問題：為什麼別人應該信任你？

個人推薦的影響力真的非常大。我們都相信別人的判斷力。這是人類文化的一部分。但我們也不是什麼人都相信。與我們擁有相同價值觀及信念的人，比較容易得到我們的信任。當我們相信，別人會特別為我們著想，因為這也關乎他的福祉時，整個團體都會變好。因為擁有相同價值觀及信念而彼此信任，正是人類社會進步的重要基石。

信任與為什麼剛好出自完全相同的地方，大腦的邊緣系統。邊緣系統的力量非常強大，常會勝過擺在眼前的事實，或至少讓我們心生懷疑，而不會盡信事實。這正是許多操弄有效的原因，因為我們常會相信，別人可能懂得比我們多。顯然，當我們選擇口香糖時，我們絕對相信「五位牙醫中有四位」懂得比我們多（但另外那一位呢？他是不是知道一些別人都不知道的事？）。一般人通常都會相信名人推薦，因為那些名人通常都很富有，可以得到任何想要的東西。如果他們願意押上自己的信譽來推薦某產品，那麼這項產品一定很好，對吧？

你可能已經在自己的腦子裡回答了這個問題。然而事實是，名人會推薦某些產品，顯然是因為他們拿了大筆的代言費。如果名人推薦沒有用，企業早就放棄這種做法了。還是說，是因為出於「萬一」名人代言可能會有效果，企業擔心錯失機會，才乖乖奉上大筆鈔票，換取名人現身說法、鼓勵我們買某一款車或某一種口紅？事實是，幾乎沒有人可以完全抵擋「他人」的影響力，無論是我們認識的人，或是我們覺得自己可以相信的人。

名人推薦就是利用了這種心理。名人代言的假設是，推出一個熟悉的面孔或名字，大家就比較容易相信廣告所言不虛。但這種假設的問題是，名人代言或許能影響我們的行為，但只是靠一張熟面孔，它所發揮的效用只是同儕壓力而已。要讓名人代言真正發揮力量，名人必須代表著某種清楚的意義或信念。比方說，一位以敬業精神聞名的運動員，對一家高舉相同理念的企業而言，或許就會很有價值。一位以慈善公益聞名的演員為一家致力行善的企業代言時，可能也會特別有說服力。這種情況下，企業與名人是共同在推動某種理念。我最近看到網路券商 TD Ameritrade 推出一支以晨間談話節目主持人費爾賓（Regis Philbin）及瑞芭（Kelly Ripa）為代言人的廣告。我到現在還搞不清楚這兩位脫口秀主持人代表什麼理念？他們與一般人選擇銀行又有何關連？當一家企業宣稱，某位名人代表了某種「我們希望顧客能聯想到我們的特質」時，他們完全搞錯了重點。名人應該是公司用來表達自身理念（也就是公司的為什麼）的一種方式。這些名人必須體現公司原先就已具備的理念與特質。如果不先釐清自己的為什麼，任何操弄手段最多只能增加公司的辨識度而已。

太多的決策（當然也包括談判）都是根據一種廣告界稱之為 Q-score 的評量標準。所謂的 Q-score，就是衡量名人辨識度（也就是知名度或受歡迎程度）的評量標準。分數愈高，代表名人的辨識度、知名度愈高。但只有這項指標並不夠。名人本身的為什麼愈清晰，他們為理念相同的企業擔任代言人、形象大使的功能才會愈強。但目前還沒有任何一種方式，可以衡量一位名人的為什麼，因此代言的效果其實很難判定。太多代言效果都只局限於名人本身的群眾魅力。除非你想吸引的顧客真的能看出為你代言的名人本身所代表的理念，或是這位代言人一看就知道和你是「同一掛的」，否則，代言效果就只限於強化企業辨識度。強化企業辨識度或許有助衝高短期買氣，但絕對無法建立起真正的品牌信任。

你所信任的人提供的推薦，威力極為強大，足以勝過實證經驗、數據，甚至百萬美元的行銷費用。想一想，一位新手父親想為自己的小寶貝提供最安全的乘車環境。他決定換一部新車，一部堅固、可以保護他的小寶貝的好車。他花了整整一個禮拜，讀遍所有汽車雜誌和研究報告，也仔細研究了所有汽車廣告。他最後決定，週六就去買一輛以安全著稱的瑞典名車富豪（Volvo）。他掌握了所有的資訊，他的心意已定。結果，週五晚上他和太太一起去參加晚宴，雞尾酒桌旁剛好站了一位他們的好友兼汽車迷。這位信心滿滿的新手老爸走上前去，驕傲地宣布，身為一位愛家好男人，他已經決定換一部安全又堅固的富豪汽車。車迷朋友想都沒想就問說：「為什麼要買富豪汽車？賓士才安全呀！要保護孩子，最好買賓士。」

一心想當個好父親，又無法忽視朋友的意見，結果只有三種可能。這位新手老爸要不是改變心意、換買賓士，就是維持原議、購買富豪汽車──卻不免一直擔心自己會不會做錯了決定。要不然，他就得重回原點，繼續研讀資料，確定自己究竟該買什麼車。無論找多少資料，除非自己心裡也感覺「對了」，否則他的壓力將持續升高、信心也將不斷下降。無論你如何分析這件事，反正別人的意見就是會對我們產生極大的影響。

其實真正的問題不在於汽車公司要如何與這位新手父親溝通；問題甚至也不在於車商應如何向他的車迷好友獻殷勤。在行銷學裡，購買者（buyer）與影響者（influencer）之間的關係早已不是新鮮話題。真正的問題其實是，你要如何讓更多的「影響者」將你當作話題，讓你能夠成為一種風潮？

07

# 如何引爆趨勢？

如果我告訴你，我知道一家公司發明了一種最新的科技，可以改變所有人看電視的方式，你會對它感興趣嗎？或許你會有興趣買一台他們的產品，或是投資這家公司的股票。但更棒的是，這項產品是市場上僅見的優秀產品。它的品質超乎想像，市場上其他產品完全無法比擬。他們的公關做得也好極了，他們甚至成了全美家喻戶曉的品牌。這下子有興趣了嗎？

這就是 Tivo 數位錄影機的故事。這家公司絕對擁有席捲市場、大獲全勝的機會，但最後卻演變成一場商業及投資上的大災難。他們看似完全掌握了成功方程式，也因此他們的慘敗才會跌破所有專家的眼鏡、令人大惑不解。然而，如果你發現，他們顯然比較重視自己做的是什麼，卻完全輕忽了自己為什麼而做，這個結果可能就不會那麼令人驚訝了。不僅如此，他們還完全忽略了所謂的「創新擴散定律」（Law of Diffusion of Innovation）。

2000年，葛拉威爾（Malcolm Gladwell）與世人分享了引爆點（tipping point）在企業界及社會中掀起狂潮的祕密，他也因此為自己創造了一個「引爆點」。在《引爆趨勢》（*The Tipping Point*）一書中，葛拉威爾特別點出社會上有兩種人，他稱之為「連結者」（connectors）及「影響者」（influencers，即所謂的意見領導者或專家）。葛拉威爾的分析精準無比，但他還是留下了一個重要的問題未能回答：為什麼「影響者」會主動和別人分享有關你的事情？

市場行銷專家最想要達成的目標，就是對「影響者」產生影響，但真正能夠做到的人並不多。「引爆點」當然存在，葛拉威爾所描繪的現象也都是事實。問題是，我們能夠「創造」出引爆點嗎？引爆點不可能只是一些偶發現象。如果它們確實存在，我們也應該能創造出引爆點，如果我們能創造出一個引爆點，我們應該也能創造出一個後續效果更為長久的引爆點。這就是一時的「流行」與能徹底改變產業或社會的重大「變革」之間的差別。

1962年，羅吉斯（Everett M. Rogers）在《創新的擴散》（*Diffusion of Innovations*）書中，首先提出了創新觀念或產品在社會中的擴散模式。30年後，墨爾（Geoffrey A. Moore）在《跨越鴻溝》（*Crossing the Chasm*）一書中，進一步將羅吉斯的理論應用在高科技產品的行銷上。但創新擴散定律的適用範圍遠不止於創新或科技產品。它也適用於理念的傳播。

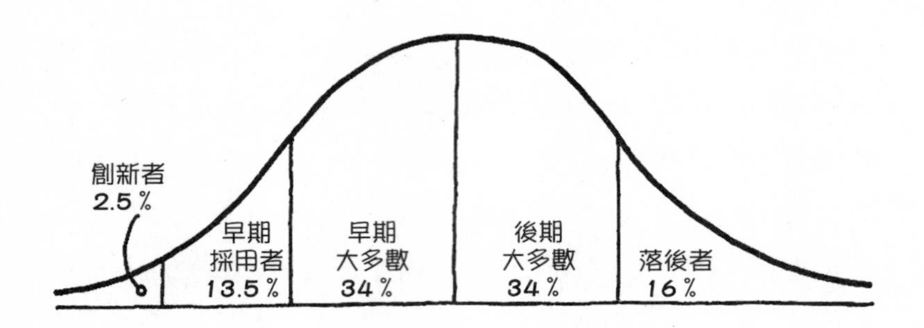


即使你對創新擴散定律並不熟悉，你也一定聽過相關的術語。社會上的人口依照常態分布的鐘型曲線，大約分為五類：創新者（innovators）、早期採用者（early adopters）、早期大多數（early majority）、後期大多數（late majority）以及落後者（laggards）。

根據創新擴散定律，最前面的2.5％就是「創新者」，接下來的13.5％則是所謂的「早期採用者」。墨爾指出，「創新者」會積極尋找新產品或新觀念，而且對任何本質性的創新都充滿興致。成為「第一」是他們生命的核心。創新者只占社會人口的極小部分，但他們會不斷挑戰我們，要我們從不同的角度去觀看、思考這個世界。

和創新者一樣，早期採用者也會熱情擁抱新觀念及新科技帶來的好處。他們能很快看出新觀念的價值，也願意忍受某種程度的不完美，因為他們看得出這些新事物的潛力。雖然也能快速看出新事物的潛力、願意冒險嘗試新科技或新觀念，但早期使用者與創新者最大的差別是，他們本身並非新事物的創造者。但誠如墨爾所說，這兩種人非常類似，因為他們都非常仰賴直覺。他們都很相信自己的「感覺」。

和創新者一樣，早期採用者也願意多付一些錢、忍受一些不便，以擁有某些「感覺」很對的新產品或新觀念，只不過他們願意犧牲的程度可能沒有創新者那麼高。所以，曲線左邊正是那些願意排隊六小時，就為了比別人早一步拿到 iPhone 的熱血分子。他們大可在一個禮拜後，直接走進店裡就能立刻買到 iPhone。他們願意忍受不便、甚至多花一點錢，其實和產品本身有多棒比較無關，而是和他們覺得自己是什麼樣的人比較有關。他們喜歡當「第一」。

那些在平面電視一上市，甚至相關科技還不太成熟時，就願意花四萬美元買一台的人，基本上也擁有相同的特質。我的朋友奈森就是這種人。有一次我到他家，隨便繞了一圈，就發現他家到處都是手機用的藍芽耳機，算算至少有十二副。我問他為什麼會有那麼多耳機。「都壞掉了嗎？」我不理解地問。「沒有啊，」他回答。「剛好他們又出新款嘛。」（順便一提，他家至少也有五台筆電、好幾款黑莓機，還有一堆電子產品的盒子，裡面都裝著他用了之後覺得「不怎麼樣」的各式玩意。）奈森是典型的早期採用者。

鐘型曲線中間的兩大區塊，分別是 34％的「早期大多數」，以及 34％的「後期大多數」，最後則是 16％的「落後者」。最右邊的落後者最後會去買按鍵電話，多半是因為廠商已經不再生產轉盤話機了。屬於「早期大多數」及「後期大多數」的人，想法都相對務實。對他們而言，理性因素絕對比較重要。「早期大多數」對新事物、新觀念的接受度還稍微高一點，「後期大多數」可就差多了。

愈往鐘型曲線右邊走，你就會碰到愈多比較在意產品本身功能，卻不一定認同你的理念的顧客。對這種顧客來說，無論你有多努力，他們永遠不會滿意。對他們而言，真正的關鍵通常都是價格。他們沒有什麼忠誠度可言。他們很少向別人推薦你的產品，有時你甚至會自問，自己為什麼要繼續跟這種顧客做生意？「反正他們就是不會懂的，」你心裡很清楚。我們需要辨識出這些人，最主要的目的就是避免再和他們做生意。只要你的產品符合他們的條件，他們一定會購買，但只要不完全符合條件，不必指望任何忠誠度，既然如此，我們何必要浪費特別的資源或精力，去追逐這樣的顧客？一旦與對方建立了關係，我們就不難發現他們是落在曲線的哪個位置。關鍵在於，我們最好應該在花功夫與他們建立關係前，就先搞清楚他們屬於哪種人。

面對的產品或觀念不同，我們在鐘型曲線上的位置也會不同。多數人都會因為對某些特定的產品或觀念極端忠誠，出現曲線左邊的行為模式。但對另外的產品或觀念，則會產生曲線右端的行為模式。當我們處於某一極端時，我們完全無法理解，另一端的人為何會有那樣的行為模式。在流行時尚領域，我妹妹絕對是早期採用者，而我則毫無疑問屬於後期大多數。我最近才終於淪陷，出手買了一條超貴的名牌牛仔褲。我承認，那條牛仔褲穿起來確實很好看，但我仍然覺得它完全沒理由要賣那麼貴。我也完全無法理解，為什麼我妹妹會覺得它價格非常合理。

相對而言，我在科技產品方面是早期採用者。我在藍光 DVD 科技還不很成熟時就買了一台，而且付了比一般錄影機高出四、五倍的錢。我妹妹完全無法理解，為什麼我會把錢浪費在那個「毫無意義的東西」上。我們在這些事情上，完全沒有共識。

我們每一個人都會為不同的事情賦予不同的價值，而我們的行為也會跟著有所不同。正因如此，我們幾乎不可能根據理性分析及具體利益來「說服」別人，我們的產品對他們是有價值的。這又回到了法拉利跑車和本田休旅車的例子。就算說破嘴，名牌牛仔褲製造商（或是我妹妹）也很難說服我，牛仔布的品質、設計和做工真的有那麼重要。我絕對是左耳進右耳出，無動於衷。相同地，就算我提出再多理性分析，告訴她買一台五百美元的 DVD 為何比買一台一百美元的傳統錄影機有道理，我老妹也一定置若罔聞。於是，操弄的遊戲又可以上場了。但同樣地，雖然操弄手法一定有效，但它們無法創造忠誠，還會耗費我們極大的成本、為所有人帶來極大的壓力。

任何個人或組織都有東西想要推銷。不論是產品、服務或概念，我們都希望能獲得大眾市場（也就是鐘型曲線中間的「大多數」）接受；我們也希望能打破鐘型曲線的分隔、橫掃整個市場。然而，要一網打盡說來容易，卻非常難。當你問中小企業主，他們的目標是什麼，許多人都會告訴你，他們希望在多少年後，達到多少億元的營收。不幸的是，能達到這些目標的機率並不大。美國登記有案的企業家數總計有兩千七百多萬家，但營收高於十億元的，卻不到兩千家。而全美 99.9%的企業，員工人數都不到五百人。也就是說，真正能成功打入大眾市場的企業，真的少之又少。

大型企業要一次又一次地獲得大眾市場的青睞，也同樣不容易。成功打進大眾市場一、兩次，並不表示未來每次都做得到。舉例來說，微軟推出自己的 mp3 播放器 Zune，目的就是為了要「挑戰 iPod」、成功打進 mp3 市場，結果卻慘不忍睹。成功需要的絕不只是優秀的產品和高明的行銷。別忘了，1980 年代，品質先進的 Betamax 錄影機並沒能打敗低階的 VHS 科技，成為市場標準。最好的產品未必一定能勝出。如果大眾市場的接受度對你而言非常重要，你除了必須尊重自然律之外，還得考慮「創新擴散定律」。無法做到這一點，可能就會付出極高的成本，卻無法獲得相對的成功，甚至還有可能慘敗。

事實上，成功爭取大眾市場這件事，原本就存有一種弔詭——如果你希望吸引的是鐘型曲線中，比重最大的中間區域，你必須先爭取的，其實是早期採用者的青睞。如果你直接針對中間區域的顧客做行銷、下資源，極可能會白花力氣。當然還是有可能達到目的，但成本絕對非常高。根據羅吉斯的理論，「早期大多數」只有在別人先嘗試過之後，才會願意接受新事物。事實上，「早期大多數」和「後期大多數」都需要別人先試過新的產品或服務、推薦給他們之後，才肯採取行動。他們需要知道有人已經試過，需要自己信得過的人為他們推薦。

根據創新擴散定律，你必須先贏得15％到18％的人的青睞，才可能真正打進大眾市場。那是因為「早期大多數」本來就要等到別人先試過，才肯嘗試新的事物。這就是為什麼我們常先打折扣策略或提供加值服務，因為希望降低這些務實型顧客的購買風險，讓他們覺得不買實在太可惜。這就是操弄。他們或許真的會購買，但他們對你不會產生忠誠度。別忘了，所謂的忠誠度，就是指別人願意忍受一些不便，或多付一點錢，來與你做生意。他們甚至會願意拒絕別人更好的條件，而這是「後期大多數」絕對不可能做的事。「引爆」市場的能力，正是業務突然爆發、觀念迅速普及的關鍵，也是讓一項產品被大眾市場所接受的轉捩點。這時，一個觀念成為一種勢不可擋的風潮。當這種情況發生時，成長不僅呈爆炸性發展，還會自動加速。

這時候，你的目標就不再是賣東西給任何想要的人（也就是大多數人），而是找到那些真正認同你的信念的顧客，也就是在鐘型曲線左側的人。他們看得出你的真正價值，寧可多花一點錢、忍受一些不便，也要參與你的理想。他們正是那些會主動與別人談論你的人。這 15%到 18%的人，不只願意買你的產品，還認同你的理念，希望將你的理念、產品、服務納入自己的生活，彰顯自己的為什麼。他們將你的產品當作一種具體證明，用你的產品向外界表達他們自己的信念。他們願意多付錢、忍受不便使用你的產品或服務，其實對他們自己的意義比較重大，和你或你的產品反而沒那麼大的關係。他們很容易就能看出為什麼應該把你的產品納入他們的生活，而這種辨識的能力，正是他們成為忠實顧客的關鍵。這樣的人也會成為你最忠實的股東、最忠誠的員工。這些人不但愛你，而且還會主動與人談論你。當你爭取到足夠的左側人加入你的陣營，他們自然會鼓勵其他人追隨你。

行銷最重視的就是所謂的「轉換率」（Conversion Rate），也就是訪客成為顧客的比率。我最愛問企業，他們最新的行銷活動轉換率如何？許多企業都會驕傲地告訴我轉換率有10%。事實是，即使你完全不理會黃金圈，根據平均律（Law of Averages）的結果，贏得 10%的顧客根本只是常態。丟銅板想要拿到十次人頭，只要丟的次數夠多，一定能達成目標。拿義大利麵往牆上扔，只要扔的數量夠多，一定會有幾根麵條成功黏在牆壁上。要達到某個業績，你只要增加接觸潛在顧客的機會，一定能達到目標。但如果真的以鐘型曲線的中間部分為主要目標，你的行銷成本恐怕會十分驚人。雖然業務量確實有增長，但平均打擊率仍會停留在10%左右，而10%是不足以引爆市場的。

相同地，你的顧客中一定有10%左右，會自然而然地留下來，成為你的忠實顧客。但為什麼他們會留下來？正如我們說不清楚自己為什麼會愛上另一半，對某些顧客為何會決定忠於我們，我們最多也只能提出「反正他們就是懂我們」之類的說法。雖然這種說法「感覺」沒錯，卻完全無法幫助我們行動。我們究竟要如何讓更多人「懂」你？這就是墨爾說的「鴻溝」（chasm），也就是早期採用者和早期大多數之間的距離，而這個距離極難跨越。但如果你清楚知道自己的為什麼，跨越鴻溝就一點也不難了。

如果你很有紀律地將自己的訴求重心放在早期採用者身上，「大多數」終究會慢慢跟隨而來。但你一定得從為什麼開始。只是將重心放在所謂的意見領導者身上是不夠的。真正的問題是，你要爭取的是哪些意見領導者？有些人的特質似乎真的比較符合意見領導者的形象，但事實是，每個人在不同的事情上，都有可能成為意見領導者。你要的不是泛稱的意見領導者，你要的是那些真正認同你的理念的人。只有這些人會在沒有任何激勵或慫恿的情況下，主動向別人提起你。如果他們真的認同你的理念、如果他們真是鐘型曲線左側的人，他們就不需要任何激勵或慫恿。他們會與人談起你，完全是因為他們真心想這麼做。「激勵」意見領導者就是一種操弄。它只會讓意見領導者變得虛偽不實。要不了多久，別人就會看穿，原來意見領導者的推薦不是完全出於真誠，而是因為有利可圖。於是，信任崩解、意見領導者的價值就完全消失了。

## 忽視創新擴散定律的 Tivo

1997 年，Tivo 推出神奇的產品進入市場。直到現在，Tivo 一直被公認是市場上最好的數位錄影機。Tivo 的公關能力也很厲害，打造了許多企業只能夢想的知名度。Tivo 成為錄影機的代名詞，就好像舒潔是衛生紙的代名詞、OK 繃就代表藥水貼布、Q-tip 就等於棉花棒一樣。事實上，他們的成就還不只於此，Tivo 甚至被當成動詞使用，大家會說：「我已經 Tivo 了這個節目」。

Tivo 大獲創投基金的青睞、資金充沛，更掌握了一項可以徹底改變人們看電視習慣的科技。問題是，他們的行銷策略是直接訴諸鐘型曲線中段的那群人。他們看到這項產品深具大眾市場潛力，於是決定忽略「創新擴散定律」，直接鎖定大眾市場行銷。除了目標鎖定錯誤，他們還直接訴求產品能為消費者做什麼，而非說明公司及產品為什麼而存在。他們試圖以產品功能及優點來說服消費者。他們的訴求方式是：

我們有一個新產品。
它可以讓正在播出的節目暫停、
跳過廣告、
重播正在觀賞的節目。
它還會記住你的觀賞習慣，
完全不需要事先設定，
它就會主動幫你錄下你會喜歡的節目。

產業分析師大為看好 Tivo 及競爭者 Replay 的市場前景。Replay 也是深受創投基金青睞的新創。市場專家預估，這種新型錄影機第一年應該就能創造出七十六萬收視戶的佳績。

Tivo 終於在 1999 年正式上市。兩位創辦人蘭姆西（Mike Ramsay）及巴頓（Jim Barton）深信，廣大的電視消費者已經準備好了。確實，如果 Tivo 知道如何與消費者溝通，他們真的應該已經準備好了。然而，即使產業分析師及科技迷對它們深感興奮，Tivo 及 Replay 的銷售業績卻令人大失所望。第一年，Tivo 總共只賣出四萬八千台機器。同樣的，投資者中包括了網景（Netscape）創辦人的 Replay，不但沒有找到足夠的消費者，反而因為跳過廣告的方式而引發爭議，與各大電視網陷入口水戰。2000 年，Replay 變更策略。幾個月後，它被 SonicBlue 併購，而 SonicBlue 沒過多久也宣告破產。

分析師完全搞不懂 Tivo 怎麼會賣這麼差。這家公司似乎擁有一切成功的要件，掌握了大家一般認為的成功方程式——優秀的產品、充足的資金，以及最理想的市場條件。2002年，也就是Tivo上市三年後，《廣告時代》（*Advertising Age*）的頭條標題一針見血地點出：「擁有戶外廁所的美國家庭，還比擁有Tivo的多。」當年，擁有戶外廁所的美國家庭有六十七萬戶，而擁有Tivo的家庭還不到五十二萬戶。不僅銷售慘澹，Tivo的股東也深受其害。1999年秋天剛上市時，Tivo的股價超過四十美元，幾個月後，Tivo的股價甚至衝到每股五十美元以上。但自此Tivo的股價就一路緩慢下跌。除了2001年三次短暫反彈之外，股價從此未曾超過每股十美元。

如果引用黃金圈準則，答案就非常明顯。顧客要買的不是你的產品（做什麼），而是你的理念（為什麼而做）。Tivo想要以產品功能及好處來說服消費者。但大眾市場不但現實，而且對科技心懷恐懼。他們的反應幾乎可以預期：「我不了解這個新產品。我不需要它，我也不喜歡它。你不要拿它來嚇我。」但Tivo還是有一小群忠實支持者，大約10%的人。他們就是「懂」它；它們不需要你來告訴他們為什麼。這些人到今天依然對Tivo忠心耿耿，但他們的數量不足以創造出Tivo所預期或需要的引爆點。

Tivo真正應該做的，是清楚說明自己的信念。他們應該告訴大家，為什麼他們要發明這項產品，然後以此吸引那些認同他們的理念、願意參與其中的投資人及早期採用者。如果他們當時能以為什麼這項產品會出現來當作訴求，這項產品就會成為他們的為什麼的具體展現。如果他們的黃金圈是平衡的，今天的結果可能大為不同。我們可以比較一下剛才那個以產品功能及好處為訴求的廣告，與以下這個從為什麼開始的訴求：

> 如果你是喜歡掌控自己生活的人，我們有一種超棒的產品可以提供給你。
>
> 它可以讓你暫停正在播出的節目、
>
> 跳過廣告、
>
> 幫你重播正在觀賞的節目。
>
> 它還會記住你的觀賞習慣，
>
> 完全不需要事先設定，
>
> 它就會主動幫你錄下你會喜歡的節目。

在這個版本，所有的功能與好處都成了這個產品為什麼存在的實證，而非別人應該購買的理由。為什麼是一種信念，它可以促使我們做出購買決策，而產品能夠做什麼，則為我們提供了理性說明產品吸引力的方式。

2000 年，Tivo 的發言人貝爾女士（Rebecca Baer）提出了一套非常理性的分析。她告訴《紐約時報》：「除非真正使用過這台機器，否則大家很難理解為什麼自己會需要它。」這種說法剛好反映了 Tivo 完全搞錯訴求對象的問題。如果 Tivo 的邏輯是對的，那沒有任何新科技有可能打進大眾市場。但事實顯然並非如此。雖然貝爾女士說的沒錯，大眾市場確實不太長於理解新科技的價值，但 Tivo 顯然也犯了一個嚴重錯誤，他們未能以鐘型曲線左邊的「早期採用者」為主要訴求對象，集結這群人的力量，由他們來教育、鼓勵一般大眾去接受這項新的科技產品。Tivo 沒有從為什麼開始。他們忽略了鐘型曲線左邊這群人的重要性，完全錯失了自己的引爆點。正因如此，一般人當然沒機會「真正使用這台機器」，它當然也就未能成功打入大眾市場。

時間快轉十年。今天，Tivo 仍是市場上公認品質最優的數位錄影機。它的知名度依然驚人。現在，幾乎沒有人不知道 Tivo 是什麼，或它有哪些超優秀的功能，但 Tivo 的前途仍不樂觀。

雖然上百萬的電視觀眾一天到晚都說他們「Tivo」了哪些節目，不幸的是，他們用來 Tivo 節目的錄影機並不是 Tivo 的產品。他們通常是用有線電視或衛星電視業者提供的錄影機來「Tivo」自己想要的節目。許多人認為，Tivo 會失敗，主因是有線電視業者擁有行銷管道上的優勢。但我們都知道，許多人都會不辭千辛萬苦、花較多的錢、忍受極大的不便來買與自己內心產生共鳴的產品。不久前，想要擁有一台訂製款哈雷機車的人，至少都要等六個月到一年，才能拿到自己心愛的機車。無論以任何標準來看，這種服務都夠糟了吧？消費者大可走進任何一家川崎機車（Kawasaki）經銷商，當場騎走一輛嶄新的機車，立刻上路飆風。他們很容易就可以找到一個類似車款、馬力一樣強大，價錢還可能更便宜。但他們卻願意忍受這一切的不便，原因是他們想要的不是一輛機車，而是一輛哈雷。

Tivo 不是第一家漠視這些重要原則的企業，它也不會是最後一家。天狼星（Sirius Radio）和 XM（XM Radio）衛星廣播公司一直出不了頭，也是因為同樣的原因。他們掌握了人人稱羨的新科技、資金豐沛，但他們一心想以衛星電視的功能及好處來說服消費者，只有節目、沒有廣告；頻道眾多、遠勝傳統商業電台。他們找來許多大牌明星代言，包括饒舌天王史努比狗狗（Snoop Dogg）以及流行巨星大衛．鮑伊（David Bowie）。但這項新科技還是沒能成為風潮。當你從為什麼開始時，那些與你理念相同的人會因為非常個人的原因而受到你的吸引。真正能創造引爆點的，正是那些認同你價值觀及理念的人，而非你的產品。你在過程中應該扮演的角色，是清楚溝通自己的信念、目標或使命，並讓大家明白，為什麼你的產品或服務可以實踐這個使命。沒有清楚的為什麼，任何新觀念、新科技都會很快陷入斤斤計較功能與價格的混戰裡，而這也正是缺少為什麼、淪為一般性商品的徵兆。但其實，真正失敗的不是新科技本身，而是我們推銷新科技的方式。衛星廣播至今尚未能夠真正分食商業廣播的大餅。即使是天狼星與 XM 決心合併、集中火力，依然難以扭轉命運。合併後的公司股價至今已掉到每股 0.5 美元以下。據我瞭解，XM 最近又推出了新一波的折扣促銷方案，還有免運服務。他們至今依然強調自己是「擁有 170 頻道以上的全美第一大衛星廣播電台」，希望能成功推銷自己。

## 信念能夠撼動人心

1963 年 8 月 28 日，全美各地二十五萬人齊聚華府林肯紀念堂前廣場。他們都是來聆聽金恩博士那一場最有名的演講：「我有一個夢」。集會負責人並沒有發出二十五萬封邀請函，當年也沒有網站可以查詢演講會的日期地點。他們是怎麼樣讓二十五萬人在正確的時間，出現在正確的地點？

1960 年代初期，美國正因種族間的緊張關係而瀕臨四分五裂。光是 1963 年，就有十幾個城市發生暴動。整個國家因不平等、種族隔離問題而傷痕累累。高舉「人人生而平等」的這一場民權運動，為什麼能成為波濤洶湧的巨浪，徹底改變美國？答案就是「黃金圈」法則以及「創新擴散定律」。

金恩博士絕非當時唯一知道美國需要什麼改變，才能讓民權在國家生根的有識之士。對於哪些事情必須改變，他有許多想法，但有想法的人絕不只他一人。他的主張也不一定都正確。他絕非完人，他也有他的問題。

但金恩博士意志堅定。他知道美國一定要改變。他的為什麼無比清晰，他的使命感讓他能堅持與看似難以克服的困難奮鬥到底。許多人和他一樣，對美國的改變擁有極大的憧憬，但多數人在歷經多次失敗後，一一棄守戰場。失敗非常痛苦。能夠一路堅持、日復一日地奮鬥，背後的力量絕不只是知道美國該通過哪些法案而已。要讓民權真正在美國生根，民權領導者必須能集結眾人共同奮鬥。他們或許可以推動法案通過，但必須做的絕不只如此。他們必須讓整個國家徹底改變。當他們能感召整個國家一起支持這個使命（不是因為別無選擇，而是因為深受感召）時，改變才有可能發生。沒有一個人可以獨力創造改變，而且讓改變不斷持續下去。金恩博士需要感召理念相同的人才能完成任務。

要如何推動民權？大家該做些什麼？這些細節都可以辯論。不同組織有不同的策略，有些走暴力路線，有些採姑息政策。暫不管各團體怎麼做或做了什麼，至少有一件事大家看法一致，那就是為什麼要做這件事。金恩博士能鼓舞整個國家，靠的不僅是堅定不移的信念。他還有一項非常特別的天賦，他能清楚表達自己的信念。他的語言具有強烈的感召力：

「我相信。」
「我相信。」
「我相信。」

「法律分為兩種，」他在《伯明罕獄中書信》中說到，「一種是符合公義的法律，另一種則是不符公義的法律。」金恩博士解釋說：「公義的法律，就是人創造出來的一些符合人類道德準則的法典，不公義的法律則是與道德相違背的法典。任何有助提升人性的法律，就是公義的法律；任何足以降低、貶損人性的法律，就是不公義的法律。所有種族隔離的法律都不符公義原則，因為隔離政策足以扭曲靈魂、斲傷人性。」他的信念比民權運動更加宏遠，他關心的是基本的人性，以及人類應如何彼此相待。當然，他的為什麼源自他生長的時空環境以及他的膚色，但民權運動也成為一個最佳平台，讓他實踐自己最深層的為什麼，也就是人人生而平等。

聽到他的理念與話語的人，內心深受觸動。認同理念的人開始將民權運動變成自己的使命。他們又把自己的使命告訴其他人。其他人又把自己的使命告訴更多的人。有些人決定組織起來，讓這個使命更有效地傳播出去。

於是，1963 年夏天，二十五萬人出現在林肯紀念堂的台階上。他們不遠千里而來，就是想聆聽金恩博士的演講：「我有一個夢」。

25 萬人中，有多少人是為了金恩博士而來的？

沒有半個。

**他們是為了自己而來**。因為這是他們的信念。因為他們認為，這是自己能貢獻一己之力、讓美國變得更好的機會。因為他們想要活在能反映自己的價值觀及信念的國家。因此，他們坐上巴士、顛簸了八個小時，站在華府八月的驕陽下，激動地聆聽金恩博士的演說。來到華府只是他們證明自己信念的一種方式。當天現身廣場，只是他們以做什麼來證明自己的為什麼的方式。這是一種信念，這是他們自己的信念。

金恩博士的演講只是一種象徵，它見證了每一個站在那裡的人內心共同的信念。演講說的是他的信念，不是他打算怎麼做。他的題目是「我有一個夢」，不是「我有一個計畫」。那是一項使命宣言，不是「讓美國實現民權的十二步驟」。金恩博士給了美國一個目標，不是一個行動計畫。計畫當然也很重要，但發表的地方絕不是林肯紀念堂的台階上。

金恩博士是如此地鏗鏘有力地闡述自己的理念，因此能吸引許多本身並非種族歧視或不平等待遇的受害者，但卻強烈認同他的理念的人一同前來。當天到場的人中，有將近四分之一是白人。這不是一個屬於美國黑人的理念，這是一個屬於所有美國人的理念。金恩博士領導的是一個不分膚色、全民共有的使命。

為他贏得領導者地位的，不是他的計畫。讓眾人願意委身追隨的，是他的信念，以及清楚溝通這個信念的能力。正如所有偉大領導者，他成為自己信念的象徵。金恩博士就代表了這個信念。直到今天，我們仍舊為他豎立雕像，就是為了讓他的信念具體而微、栩栩如生。大家追隨他，不是因為他擁有改變美國的理想。大家追隨他，是因為自己也擁有這改變美國的理想。人類大腦中影響行為及決策的那一部分，並不同時掌管語言。我們很難（尤其是以感性的方式）清楚說明為什麼自己會做某些事情。我們只能提出一些雖然真實，但卻毫無感召力的理性訴求。因此，當別人問起，為什麼他們當天會現身林肯紀念堂前的廣場，多數人都會跟著金恩博士說：「因為我相信。」

金恩博士最重要的成就，就是為我們提供了一種明確的說法，一種可以真實闡述我們內心感受的說法。我們內心澎湃、深受感召，而他給了我們說明這種感受的方法。他給了我們一些可以清楚認同的東西，一些我們可以與朋友具體分享的東西。當天出現在林肯紀念堂前的人，擁有一套共同的價值觀與信念。當天在場的人不分膚色、種族、性別，都彼此信任。就是這份信任、這份連結、這份共同的信念，點燃了一場徹底改變美國的偉大運動。

我們相信。

我們相信。

我們相信。

PART IV

# 打造感召人心的黃金擴音喇叭

08

# 從為什麼出發，再談怎麼做

一聲長嘯，從比爾．蓋茲手上接下微軟執行長重任的鮑爾默（Steve Ballmer），充滿活力地衝上微軟全球高峰年會舞台。「鮑爾默熱愛微軟！」他大聲宣告。鮑爾默很懂如何讓群眾熱血沸騰。他的精力令人嘆為觀止。他揮舞拳頭，從舞台一端衝向另一端，高聲狂嘯、滿身大汗。如此熱力四射，觀眾也深受感染。鮑爾默證明了旺盛的精力的確能鼓動群眾的激情。但它也能讓群眾的內心深受感召嗎？第二天或下個禮拜，當鮑爾默不再留在舞台高聲吶喊時，情況又會如何？活力無窮是否足以讓一家擁有八萬員工的企業持續聚焦、全速向前？

相對而言，比爾．蓋茲既靦覥又拘謹，不擅社交。他完全不符合一個超大企業領導者的形象。他絕不是一個活力四射的演講者。但當比爾．蓋茲一開口，大家卻都屏氣凝神，仔細聆聽他所說的每一個字。蓋茲說話時，不會讓現場氣氛沸騰，卻會讓所有人深受感召。聽完他的話，大家會謹記在心。他的話會留在眾人心中長達幾天、幾個月、甚至好多年。蓋茲沒有旺盛的活力，他卻能啟發人心、感召行動。

活力四射（energy）或許可以引發激情，但唯有領導者魅力（charisma）得以感召眾人。活力顯而易見、易於衡量，也很容易模仿。魅力卻很難定義、幾乎無法衡量，更無從模仿。所有偉大領導者都深具魅力，因為他們的為什麼清晰無比、對某種遠高於個人利益的偉大信念或終極目標有著堅定的信仰。感召我們的不是蓋茲對電腦的熱情，而是他那種即使面對最艱難的問題，依然相信一定能找到答案的樂觀。他相信大家一定能排除所有困難、找出方法，讓每個人都能在生活與工作上發揮最大的潛能。深深吸引我們的，是他的樂觀精神。

比爾・蓋茲生長於電腦革命時代，他認為電腦是幫助每個人達到生產力及潛能極致的完美工具。這個想法啟發了他的願景──每一張桌子上都有一台電腦。好玩的是，微軟其實從來沒有生產過任何一台個人電腦。對蓋茲而言，電腦這項新科技真正的影響力不在於它能做些什麼，而在於我們為什麼需要電腦。今天，蓋茲藉由「比爾與梅琳達・蓋茲基金會」（Bill and Melinda Gates Foundation）所做的事，與電腦軟體毫不相干，卻是他為了實踐自己的為什麼所找出的另一條路。他依舊緊緊擁抱自己的信念。他依舊相信，如果我們可以幫助別人（這一次則是弱勢族群）排除一些其實很簡單的障礙，這些人也將有機會大幅提升生產力、發揮個人最大的潛能。比爾・蓋茲的願景從未改變，唯一改變的是他為了實踐願景所做的事（也就是他的做什麼）。

領導者魅力與個人的活力無關，領導者魅力來自清晰的為什麼，來自忠於一個偉大理想的堅定信念。相對而言，旺盛的精力則是來自一夜好眠或大量的咖啡因。旺盛的精力可以引發激情，但唯有領導者魅力得以啟迪人心、感召行動。領導者魅力能創造忠誠度，旺盛的活力卻不行。

我們隨時可以為一個組織注入活力、激勵大家賣力工作。獎金、升遷以及五花八門的胡蘿蔔跟棍子，都可以激勵大家努力工作。但正如所有的操弄手法，它們的效益都十分短暫。時間一長，這種手段的成本將愈來愈高，也會給勞資雙方都帶來極大的壓力。最後，操弄手法甚至會成為大家工作的主要動力。這絕對不是忠誠。這是員工版的「重複購買」。所謂的忠誠，是指員工願意拒絕更高的薪水或福利，繼續留下為公司賣命。忠誠度足以勝過薪水、福利。除非你的工作內容像太空人那樣精彩，否則工作本身通常很難成為感召我們努力不懈的主要動力。真正激勵我們的，是工作背後的信念及使命。沒有人會為了砌牆而每天精神抖擻地來上工，我們每天興奮地去工作，是因為我們在建造一座偉大的教堂。

## 命定之路？

生長於俄亥俄州的阿姆斯壯（Neil Armstrong），從小聽萊特兄弟的故事長大。從很小的時候開始他就夢想要飛行。他喜歡製作模型飛機、閱讀與飛行相關的雜誌、成天待在架了望遠鏡的自家屋頂仰望星空。他甚至在還沒拿到汽車駕照之前，就取得了飛機駕照。兒時夢想逐一實現，阿姆斯壯似乎命中注定要成為一位太空人。然而，對多數人而言，我們的職業生涯似乎和桑普特（Jeff Sumpter）比較類似。

高中時，桑普特的媽媽就在自己工作的銀行裡為他爭取到暑期工讀的機會。高中畢業四年後，他打電話給當年工讀的那家銀行，想看看是否有兼職的機會。他們給了他一份正職工作。就這樣，桑普特開始了自己的銀行家生涯。在銀行界工作了十五年之後，他和一位名叫茂斯特（Trey Maust）的同事，在奧勒岡州波特蘭市（Portland）創立了一家銀行，名為路易斯與克拉克銀行（Lewis & Clark Bank，譯註：以美國西部探險英雄為名）。

桑普特在銀行界表現極為傑出，一直是業界頂尖信貸專家。在同事及客戶圈中，他人緣極佳，也備受尊敬。但即使桑普特本人也承認，他其實對銀行業務本身並沒有多大興趣。雖然他從事的工作並非自己兒時的夢想，他還是頗有熱情。讓他能每天起床去上班的，並不是他的工作內容（做什麼），而是他為什麼做這些事。

我們的職業生涯大多是因為機遇。我今天的工作並不在我的規劃之中。小時候，我一心想成為航太工程師。到了大學，我想成為刑事檢察官。等我進了法學院，我的律師夢又幻滅了。不知為什麼，我就是覺得自己不適合走法律這個行業。我在英國念法學院。法律是英國碩果僅存的正統「英式」專業，所以如果不乖乖穿上細條紋深色西裝去面試，我恐怕很難在法律這行找到工作。但那就不是我。

我當時正好和在雪城大學（Syracuse University）讀市場行銷的女朋友交往。她看得出什麼事情能激發我的熱情，也知道法律似乎讓我蠻沮喪。她建議我試試行銷學。我就這麼走入了行銷領域。但行銷學只是我的工作之一，它並非我的熱情所在，我也不會以它來定位我的人生。我真正的使命——啟發別人去做能啟發他們的事——才是我每天起床工作的動力。我的滿足感是來自發現新的方法（也就是不同的做什麼），來實踐自己的使命。寫作這本書就是其中之一。

無論我們當下做的是什麼，我們的為什麼，也就是我們的原動力、使命、目標或信念永遠不會改變。當我們的黃金圈處於平衡狀態，我們做的事（做什麼）剛好就會是我們實踐使命的一種有形途徑。發展電腦軟體只是比爾．蓋茲實踐人生使命的一種方式。自由是凱勒赫追求的信念，而經營一家航空公司則為他提供了最好的舞台，讓他可以充分傳達自己的信念。甘迺迪相信人人應該服務國家，而非要求國家為自己服務，唯有如此，美國才可能走上富強繁榮之路。而登月計畫就是他用來領導美國人實踐這個信念的方法之一。蘋果剛好給了賈伯斯挑戰現狀、改變世界的舞台。這些有領導者魅力的領導者做的事情，都是他們自己發展出來、用以實踐使命的有形方式。但他們不可能在年輕時就想好這些具體的途徑。

只要為什麼夠清晰，理念相同的人自然就會被吸引過來，共同實踐使命。如果能有效擴大這個理念的傳遞範圍，甚至可以號召更多志同道合的人、振臂高呼說：「我也要幫忙！」當一群志同道合的人為了共同的目標、使命或信念而集結時，奇妙的事情就會發生。然而，要成就偉大事業，光靠感召的力量並不夠。感召力只能啟動流程。要持續推動一個運動，你還需要其他能力。

## 黃金三角錐，強化感召的能量

黃金圈不只是一種溝通工具，它也能讓我們深入了解偉大組織的實際架構。當黃金圈的概念增加更多面向時，我們也不能再以平面的方式來看待它。如果黃金圈必須在三度空間的現實世界中為我們提供打造偉大組織的真實價值，它本身也必須是三度空間的。幸運的是，黃金圈原本就是立體的。事實上，它是一個由上往下看的三角錐。如果我們改由側面來看，我們

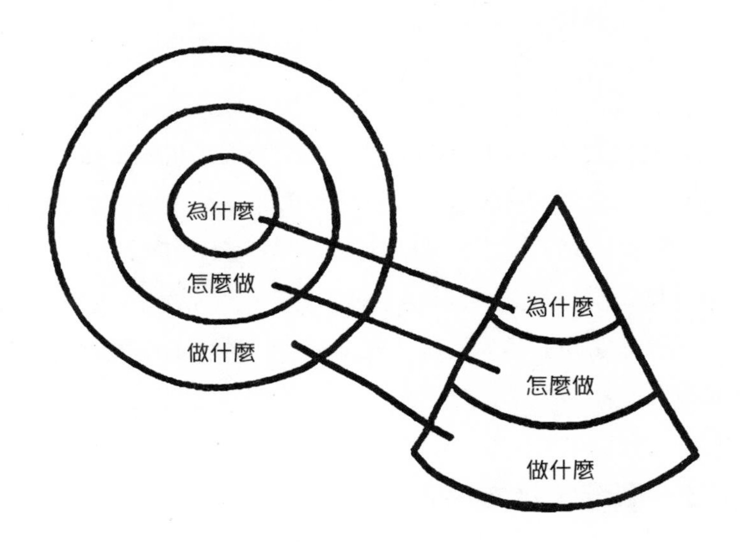


就可以看到這個三角錐的完整內涵。

三角錐反映的就是一家公司或組織的基本架構，因為它們原本就是有階層、有組織的體系。位於三角錐頂端、代表為什麼的，就是它的領導者。在一家公司裡，它可能是公司執行長（至少我們希望是）。下一個階層，也就是怎麼做的階層，通常就是那些深受領導者的願景感召，而且知道如何落實願景的高階主管。別忘了，為什麼只是信念，怎麼做則是我們為了落實信念採取的行動，而做什麼則是這些行動的結果。無論領導者的魅力有多強、感召力有多大，如果組織中沒有人可以落實領導者的願景、建立起系統完整、流程縝密的基礎架構，那麼它頂多只能成為一個效率很差的組織，最糟的結果則是一敗塗地。

在三角錐中，怎麼做的層級通常是一個人或一小群人，他們必須建立起足以讓為什麼變得具體而明確的組織架構。這些人分佈在行銷部、營運部、財務部、人力資源，也就是所有由「長」字輩負責的部門，例如營運長、財務長等。再下一層，也就是做什麼的層級，則是願景實際被落實的地方。組織中大多數的員工都位於這個層級，而組織中的具體工作也多出現在這個層級之中。

## 我有一個夢，他有一個計畫

金恩博士說他有一個夢，他同時也感召了眾人，讓這個夢想成為他們的夢。拉爾夫·亞伯納西（Ralph Abernathy）為民權運動提供的，則是另一種東西。他知道實現夢想需要做些什麼事，他告訴大家該怎麼做。他為這個夢想提供了基礎架構。金恩博士提出了民權運動的哲學精神，而亞伯納西（金恩博士的人生導師、長年摯友，以及南方基督教領導者會議的財務主管）則負責幫助大家了解應該採取哪些具體行動。在金恩博士慷慨激昂的演講之後，亞伯納西會接著說：「現在，讓我告訴各位，這就表示我們明天早上應該……。」

金恩博士是美國民權運動的領導者，但他並非只靠單打獨鬥就改變了美國。雖然他感召了眾人、啟動民權運動，但要集結眾人之力，絕對需要很強的組織能力。和所有偉大領導者一樣，金恩博士身邊也有一群比他更懂應該如何實踐理想的人。每一位偉大的領導者，也就是每一位「為什麼型」的人身旁，總會有一位或一小群深受感召的「怎麼做型」的人，他們知道如何建立架構，將無形的理念化為具體行動。真正讓改變發生的，正是這些具體的基礎建設。

領導者位於三角錐的頂端、高舉為什麼，而怎麼做型的人則位於下一層，負責落實理念。領導者說出目的地，而怎麼做型的人則負責找出抵達目的地的途徑。光有目的地沒有途徑，只會帶來散漫與無效率。如果沒有人幫忙落實理想，為什麼型的人就常會經歷這種痛苦。相對而言，光有途徑沒有目的地，或許可以讓組織行事效率極高，但這種效率的意義何在？開車技術好當然很棒，但有目的地或許會更好一點。對金恩博士而言，亞伯納西就是受到感召，同時又知道如何讓理想變得具體可落實的重要幫手。「金恩博士的責任是詮釋『非暴力』在哲學及信仰上的意涵，」亞伯納西指出。「而我的工作就簡單多了，也很實際。我會告訴大家：『請不要再搭那些（依膚色分座位區的）的公車了』。」

每一位成就豐功偉業的領導者背後，都有一位或一群知道如何讓夢想成真的幕後英雄。金恩博士有一個夢，但無論他的夢想有多大的感召力，無法落實的夢想就只是夢。無數生長於美國民權運動前的南方黑人，都有和金恩博士一樣的夢。金恩博士的信念和許多人並無不同，他對不公平待遇的憤怒，也和其他人沒太大差別。但金恩博士沉著的樂觀態度以及撼動人心的話語，卻讓眾人深受感召。

金恩博士絕不是單槍匹馬改變了美國。比方說，他不是國會議員，但真正讓美國人不分膚色、一律平等的，卻是國會通過的民權法案。金恩博士並沒有改變美國，真正改變美國歷史的，是他感召的無數人團結形成的民權運動。但你要如何組織廣大群眾？別說百萬群眾，即使只是幾千人，你又該如何組織及帶領？領導者的願景與魅力足以吸引「創新者」與「早期採用者」。這些人相信自己的直覺，願意做出極大的犧牲來實踐願景。每獲得一些成功、每出現一些具體證據，顯示願景真有實現的可能，就會有愈多務實派的人產生興趣。原先的夢想很快成為一種可以證明而且具體的事實。當這種情況發生時，引爆點就出現了，整件事也將成為一股無法抵擋的力量、全速發展。

## 知道「為什麼」的人需要知道「怎麼做」的人

悲觀主義者的看法往往是對的，我引用的是《世界是平的》（*The World Is Flat*）作者佛里曼（Thomas L. Friedman）的說法。然而真正改變世界的，卻是樂觀主義者。比爾·蓋茲想像著一個電腦可以幫助每一個人充分發揮潛能的世界。這個想法如今已然成真。現在，他又想像著一個不再有瘧疾的世界。這個想法也即將成真。萊特兄弟想像著一個每個人搭飛機就像坐公車一樣方便的世界。這個想法也已成真。為什麼型的人有改變產業、甚至改變整個世界的能力——只要他們知道怎麼做的話。

為什麼型的人是願景大師，他們擁有異常活躍的想像力。他們通常也是樂觀主義者，相信自己想像的一定能成真。怎麼做型的人則比較務實。他們是務實主義者，能清晰實際地看待所有事。為什麼型的人專注於大多數人還看不到的，例如未來。怎麼做型的人則比較注重多數人眼睛所及的事情，而且比較擅於建立架構、流程、達成任務。兩者之間沒有優劣的問題，只是每個人觀看、體察世界方式及本能不同而已。比爾・蓋茲是為什麼型的人，萊特兄弟也是，還有賈伯斯、凱勒赫。但他們都不是憑一己之力就成就大事。單打獨鬥無法成功。他們需要知道怎麼做的人來幫忙。

「要不是我哥哥，我恐怕早就因為跳票問題而成了監獄常客。」1957 年，華特・迪士尼（Walt Disney）對著一群洛杉磯的聽眾說道，這不完全是玩笑話。「我從來不知道銀行裡還有多少錢，多虧了我哥哥，我才沒惹上大麻煩。」華特・是為什麼型的人，一位夢想家。真的多虧他踏實的哥哥羅伊（Roy Disney），他的美夢才得以成真。

迪士尼是從為平面廣告畫卡通起家的，但他很快就開始製作起動畫電影。當時是 1923 年，好萊塢正快速成為美國電影工業的重鎮，迪士尼希望自己能成為其中一員。羅伊比迪士尼大八歲，之前在銀行工作。他一直很敬佩弟弟的才華與想像力，但也知道弟弟常不顧風險，也不太喜歡花心思在經營管理上。就像所有為什麼型的人，迪士尼常忙著想像未來的美景，忘了自己是活在現實世界。「華特‧迪士尼負責作夢、擘畫藍圖、發揮想像力，羅伊則隱身幕後，負責實際造出迪士尼王國，」迪士尼家族傳記作者湯瑪斯（Bob Thomas）如此寫道。「羅伊是非常優秀的財務專家和經營者，他幫助弟弟美夢成真，打造出一個掛著弟弟名字的公司。」是羅伊創立了「博偉電影」（Buena Vista Distribution，譯註：迪士尼旗下發行公司，負責電影發行及行銷），讓迪士尼電影成為美國小孩童年的一部份。是羅伊打造了迪士尼商品，讓迪士尼電影中的角色家喻戶曉。而且，正如所有怎麼做型的人，羅伊對走到台前從來沒有興趣，他寧可隱身幕後，專心於打造弟弟的願景。

世界上多數人都屬於怎麼做型的人，每個人都在現實世界中各司其職，而且通常如魚得水、表現優異。有些人甚至事業成功、為自己創造出百萬身價，但少有人能建立起億萬美元的大企業或是改變世界。怎麼做型的人不需要為什麼型的人來幫助自己成功，但為什麼型的人即使願景偉大、想像力豐富，在實踐上卻常多所不足。若沒有那些受到自己的願景感召，同時又擁有實踐力的人幫助，多數為什麼型的人都只能淪為挨餓的夢想家，徒有滿腹理想，卻從未獲得任何成就。

雖然許多創業家都喜歡認為自己是願景型領導者，但其實創業家多屬於怎麼做型的人。找一位創業家，問問他在創業過程中自己最喜歡做的事情是什麼，絕大多數都會告訴你，他們最愛的就是「建立」一些東西。而這也正是他們屬於怎麼做型的人的明證。一個企業就是一個結構體，需要建立許多制度與流程。怎麼做型的人就擅長於建立這些流程與制度。但絕大多數的企業，無論組織多麼嚴謹、架構如何完整，都不會成為億萬美元的大企業，也無法改變產業走向。要達到億萬美元的層級、改變產業走向，需要的是一種獨特而罕見的夥伴關係，也就是一個知道為什麼的人，和一個（或一小群）知道怎麼做的人攜手同心、密切合作。

幾乎在每一個擁有不凡成就的領導者或組織身上，我們都能發現這種獨特的夥伴關係。例如，比爾·蓋茲或許擁有偉大的夢想、想像每個人桌上都有一台電腦的願景大師，但真正建立起這個軟體王國的，卻是微軟的共同創辦人保羅·艾倫（Paul Allen）。凱勒赫或許得以實踐、傳遞自己對於自由的信念，但真正想到要創建西南航空的人卻是羅林·金恩。賈伯斯或許是挑戰現狀的大將軍，但真正打造出第一台蘋果電腦的天才工程師卻是沃茲尼克。賈伯斯提供的是願景、沃茲尼克提供的是產品。唯有這種願景與實踐力的緊密結合，才能創造出真正偉大的組織。

這種夥伴關係剛好可以釐清一個組織的「願景宣言」（vision statement）以及「使命宣言」（mission statement，一般又稱「宣言」）之間的差異。願景是公司創辦人創業的目的，也就是為什麼這家公司會存在。願景是一種尚待建立、尚未存在的未來想像。任務宣言描述的則是達到目標的途徑及指導原則，也就是公司打算如何打造出自己的未來願景。當願景宣言及任務宣言都清晰明確時，為什麼型的人和怎麼做型的人就都能清楚掌握自己在這個夥伴關係中所扮演的角色。雙方都必須清楚了解公司存在的目的以及達成目的的途徑，並且緊密合作。夥伴關係要成功，光有技術還不夠，還需要信任。

我們在第三部中曾仔細討論，信任關係真的非常重要，因為信任為我們提供一種安全感。基於對其他人或組織的信任，讓我們敢於冒險，也覺得自己後方有強烈的支持及依靠。或許最穩固的信任關係就存在於願景大師與建造者之間，也就是為什麼與怎麼做型的人之間。

在一個擁有強烈感召力的組織中，最高執行長通常是為什麼型的人，每天一醒來就想著該如何達成理想，而非經營管理的人。在這類組織中，最好的財務長、營運長通常都是效率極高的怎麼做型的人。這些人擁有強烈的自信，願意承認自己並非願景大師，但卻深受領導者的願景所感召，而且他們知道如何建立架構、讓大家的願景得以成真。最優秀的怎麼做型的人通常不喜歡自己跑上舞台宣揚願景，他們寧可隱身幕後，默默建立能實現願景的體制與架構。只有當這兩種人的能力與努力緊密合作時，偉大的事情才有可能發生。

為什麼與怎麼做的夥伴關係經常出現於家族之中或好友之間，這絕非偶然。相同的成長背景及生活經驗，當然比較容易讓人產生相近的價值觀與信念。家庭成員或童年好友的生活經歷與成長環境幾乎一模一樣。當然，我們也可以在其他地方找到很好的合作夥伴。我的意思只是說，與另一個人一起長大、擁有相同的生活經驗，雙方擁有同樣價值觀、世界觀的機率當然比較大。

華特和羅伊・迪士尼是兄弟；比爾・蓋茲和保羅・艾倫是高中同學；凱勒赫是羅林・金恩的離婚律師兼多年好友；民權運動前，金恩博士和亞伯納西同在伯明罕傳道；賈伯斯在高中時就和沃茲尼克成為死黨。相似的情形不勝枚舉。

## 經營者或領導者？

今天，許多企業與組織都由一些優秀的怎麼做型的人當家經營，他們的成就或許能延續一輩子，但他們恐怕也將必須花一生的精力經營公司。成功、致富的方法很多，許多操弄手法都能奏效，本書提到的只是其中一部分。但有些組織即使擁有創造引爆點的能力，也不見得能產生長久的改變。那叫做一時狂熱。

但偉大組織的運作模式和社會運動一樣，能激發眾人熱情、讓人主動談論它的產品或理念、將這些產品融入自己的生活、與人分享這些理念，甚至主動找方法來讓組織蓬勃發展。偉大的組織不但可以引燃熱情、激勵人心，還能感召眾人投身其中、主動協助推廣這些理念，完全不需任何金錢或特殊手段的激勵。不必現金回饋，也不必剪下截角。大家覺得自己必須協助散播這些理念，不是因為被迫，而是因為心甘情願。他們會主動振臂高呼，積極與人分享自己深受撼動的這些理念。

## 清楚為什麼，然後大聲說

經過三個月的評估，BCI（Bing Company Incorporated）終於選定了新的廣告公司，幫他們規劃新產品的上市行銷活動。BCI 是頗為知名的品牌，在一個混亂的市場中打拚。身為產品製造商，他們的產品幾乎都是透過第三方銷售，通常是在大賣場的貨架上。也就是說，他們其實無法直接掌控產品的銷售方式。他們頂多只能利用行銷活動間接影響產品的銷售。BCI 是一家不錯的公司，也有很強的企業文化。員工頗為敬重公司的經營階層，而且一般而言，公司的產品及表現也都有一定的水準。然而多年來，市場競爭愈來愈激烈，即使 BCI 有不錯的產品、價格也有競爭力，但要年年不斷維持高成長率，確實愈來愈困難。今年，BCI 的主管特別興奮，因為他們認為公司即將推出的新產品，足以讓 BCI 在市場上異軍突起。為了行銷這個新產品，BCI 的廣告公司推出了一支新廣告。

「頂尖企業為您推出前所未見的創新產品，」BCI 的廣告詞說道。廣告繼續宣揚新產品的新功能及好處，其中特別提到「BCI 品質，永不讓人失望」。這是 BCI 管理階層強烈要求加上的一句話。BCI 的主管兢兢業業地打造出公司的良好信譽，他們希望好好利用這一點來訴求消費者。他們對自己的新廣告頗感興奮，也期待新產品的成功能帶動所有產品的銷售。他們知道自己做得的確不錯，也希望將這個想法傳遞出去，而且聲量要大。捧著數百萬美元的產品廣告預算，BCI 的新廣告確實打得轟轟烈烈。

但這其中有一個問題。

BCI 和廣告公司成功地宣傳了新產品的諸多特色。廣告也製作得極富創意。他們清楚說明了新產品中有哪些最新、最特別的功能及創新，焦點小組（focus groups）也都同意，新產品比競爭對手強得多。百萬美元宣傳預算讓 BCI 的廣告隨處可見。廣告的觸及率及頻率都極高。毫無疑問，他們的廣告放送得很大聲。問題是，這支廣告的內容不夠清楚。它說的都是做什麼與怎麼做，完全沒有提到為什麼。即使大家都知道了新產品能做什麼，卻沒有人知道 BCI 的信念到底是什麼。好消息是，這次廣告活動並非全然失敗。只要廣告繼續大力放送、行銷手法仍具競爭力，產品就能繼續銷售。這是一個有效的行銷策略，只不過，這種賺錢方法的成本實在高了些。

如果當年金恩博士所提出的是一套前所未見的縝密計畫：讓美國成為一個民權國家的十二步驟，情況又將如何？ 1963年那個夏日，從擴音喇叭中大力放送出來的訊息一樣會非常大聲。正如廣告及公關策略，麥克風在傳達訊息上的功能也非常強大。就像 BCI，金恩博士的訊息仍將傳達到成千上萬人的耳中。然而，大家卻無法清楚了解他的信念。

提高音量很容易，花點錢、設計一點噱頭就能辦到。只要肯花錢，你的訊息一定能成為大眾注意的焦點。公關噱頭也能讓你登上新聞版面。但金錢與噱頭卻無法創造忠誠度。許多人或許都記得，歐普拉（Oprah Winfrey）曾經在節目中送給當天每位現場來賓一部汽車。這件事發生在 2004 年，這個花招至今依然讓許多人津津樂道。然而有多少人會記得，當年她送出的是哪一個廠牌的汽車？這就是問題所在了。當年，龐蒂雅克（Pontiac）提供了總值七百萬美元、最新款的 G6 型轎車，總數多達 276 輛。龐蒂雅克認為這個噱頭可以大大幫助新車的行銷。然而，雖然這招再度證明了歐普拉的慷慨與豪邁（這件事大家早就很熟悉），但卻沒幾個人記得，龐蒂雅克也有參與其中。更慘的是，這個噱頭完全沒有彰顯出龐蒂雅克的願景、使命或信念。事件之前，一般人對龐蒂雅克的為什麼原本就沒什麼概念，因此這個噱頭對龐蒂雅克唯一的價值，就是讓他們得到了一點短暫的曝光。這不正是噱頭的功能嗎？沒有清楚的為什麼，就不可能創造出其他價值。

要讓一個訊息產生真正的影響力、改變人的行為、創造忠誠度，需要的絕不只是曝光的機會。它需要傳達更高的理想、使命或信念，足以在擁有相同價值觀的人之間引發共鳴。只有在這種情況，一個訊息才有可能贏得大眾的青睞。要在創新擴散曲線的左邊產生吸引力，「為什麼」要創造這個噱頭（不只是贏得媒體曝光機會）就必須非常清晰。雖然為什麼不清晰的行銷確實也能帶來一些短暫效果，但「大聲」充其量只是音量比較大，並不會產生任何其他功效，只會變成雜音（clutter）。許多企業都覺得很奇怪，為什麼差異化這麼難做到。我想，大家都聽過這些公司放送出來的音量，它們通常都還挺大聲的，不是嗎？

換個角度看，假設金恩博士當年沒有麥克風，也沒有擴音喇叭，他的演說效果又會如何？他的願景會同樣清晰，他的語言也會同樣有感召力。他深知自己相信的是什麼，以無比的熱情與魅力傳達出自己的信念。但只有前排的少數人會聽到他那撼動人心的演說。一位懷抱理想的領導者（不論是個人或組織），都必須有一個擴音喇叭來幫助自己傳達理念。理念的傳達既要清晰、還得夠大聲。清晰的使命、願景或信念當然重要，但別人也要聽得到才行。要讓你的為什麼擁有引發行動的力量，除了理念、願景本身必須清晰明確，還需要有夠大的擴音喇叭，才能讓足夠的人聽見、達到引爆的能量。

黃金圈是個三角錐絕非巧合。事實上，它就是一個擴音大喇叭。組織原本就是最頂端的領導者用來傳達願景、使命或信念的工具。但擴音喇叭要真正發生功用，絕對必須先有清晰的訊息。沒有清楚的訊息，擴音喇叭要用來放大什麼呢？

## 實踐你所相信的

金恩博士用擴音喇叭凝聚了廣大群眾，跟隨他一起為社會正義奮鬥。萊特兄弟用擴音喇叭團結了自己的社區，協助他們發展出改變世界的科技。千萬民眾聽到甘迺迪的呼聲、認同他服務社會的理念，在十年內成功將人類送上月球。啟發人心、感召群眾貢獻己力、成就比自身利益更偉大的事情，這種能力絕非社會運動的專利。任何組織都有能力打造出自己的擴音喇叭、創造出重大的影響。事實上，這種能力正是定義一個偉大組織的關鍵因素。偉大的組織不只是為獲利而存在，他們必須能引領眾人，並因此而改變產業、甚至改變我們的生活。

清晰的為什麼會創造出期待。當我們不知道一個組織的為什麼，我們就只會有最低的期待，價格、品質、服務、功能，也就是對一般性商品的期待。但當我們理解一個組織的為什麼，就會產生更多的期待。對於不想被以高標準要求的人，我強烈建議各位不必浪費精力去搞清楚自己的為什麼，也不必努力讓自己的黃金圈達到平衡。高標準維繫起來很不容易。你必須嚴守紀律，要求自己隨時對別人宣傳自己的信念、提醒大家組織存在的初衷。組織裡的每一個人也都必須嚴守怎麼做的要求、組織的價值觀以及行事準則。而且，要確保自己的一言一行完全符合自己的為什麼，絕對很耗時費神。但對於願意花功夫、付出代價也要堅持的人而言，未來的回報也將極大。

理查·布蘭森（Richard Branson）先創立了維京唱片（Virgin Records），將它打造成為億萬唱片零售商，之後又成為非常成功的唱片品牌。後來，他又創辦航空公司，並成為今天許多人心目中全球最好的航空公司之一。然後，他又創立汽水品牌、婚顧公司、保險公司，以及手機電信服務公司。他的創業清單還可以一直列下去。同樣的，蘋果做的不只是電腦，他們還做手機、數位錄影機、mp3 音樂播放器，在不同的領域中一再創新。某些企業不只有創造成功的能力，更有一再複製成功經驗的能力。這種能力來自於他們能聚集大批忠實的追隨者、不斷支持他們。在商業的世界，許多人認為蘋果屬於生活風格品牌，這就完全低估了蘋果的影響力。你可以說 Gucci 是一個生活風格品牌，蘋果卻徹底改變了許多產業。無論用哪種定義來衡量，這些企業顯然都不再只是企業，它們根本就是一種社會運動。

## 不斷複製偉大成就

朗・布魯德（Ron Bruder）不是一個家喻戶曉的名字，他卻是一位偉大的領導者。1985 年，他和兩個女兒正在路口等紅燈。他覺得這是一個好機會，可以教女兒非常重要的人生功課。他指著對面「請勿行走」的燈號，問女兒說這個燈號代表什麼意思。「代表我們必須站在這裡，不能過馬路，」她們回答說。「妳們確定嗎？」他誇張反問。「它只是叫我們不要『行走』，妳們怎麼知道它不是叫我們要用跑的過馬路？」

布魯德說話不疾不徐，上班總是穿著剪裁合身的三件式西裝，看來就像典型的保守企業主管。但千萬不可以貌取人，布魯德一點也不保守、刻板。雖然他非常享受成功帶來的一切，但成功絕對不是他的動力。成功與財富只是他努力工作自然產生的結果。布魯德的為什麼非常清晰。他認為，世上的人之所以願意接受自己現有的生活方式、做自己「該做的」工作，並不是因為他們別無選擇，而是因為沒有人告訴他們還有別的選擇。這就是他在十字路口想要教導兩個小女兒的功課，任何事情都可以有不同的詮釋與選擇。永遠從為什麼開始，讓布魯德成就斐然。但更重要的是，布魯德擁有一種能力，總是可以透過自己做的事情來啟發身邊的人，讓他們也能為自己創造一些不凡。

和多數人一樣，布魯德的事業也不是自己刻意規劃的結果，他的為什麼卻從未改變。他所做的每一件事都從為什麼開始。他深信，只要你能示範給別人看，他們真的可以有不同的選擇，這些人就有機會走上一條不同的道路。雖然他今天做的事真的足以改變世界，但他並非一開始就致力於推動世界和平。和許多深具感召力的領導者一樣，布魯德也曾徹底扭轉整個產業。但布魯德不是一個曇花一現的贏家。他在許多不同的產業中，一再創造出許多成功經驗。

一位大型食品集團的高階主管決定幫姪子買下一家旅行社。他請當時擔任這家食品集團財務長的布魯德先幫他看看這家旅行社的財務狀況。布魯德卻因此而看到了別人都沒看到的機會，同時決定加入這家小旅行社擔任執行長。在搞清楚所有旅行社的經營模式後，布魯德決定走一條新路。結果，格林威（Greenwell）成了美國東岸第一家引進新科技、所有作業完全電腦化的旅行社。他們不僅成為美國東岸最成功的旅行社之一，而且短短一年，他們的商業模式就已成為業界標準規範。接下來，布魯德又再次創造成功。

布魯德從前的一位客戶羅森嘉騰（Sam Rosengarten）從事的都是些很「髒」的行業──煤炭、石油、天然氣。這類行業都會創造出所謂的「褐地」（brownfields，又稱「棕地」），也就是受污染的土地。褐地幾乎毫無用處。由於遭受過嚴重的污染，它們幾乎無法再被利用。若要進行開發，清污的成本及風險都會讓開發案的保險費高到嚇人。但布魯德看待挑戰的角度卻和所有人不一樣。褐地令所有開發商避之唯恐不及，因為大家都只會看到嚇人的清污成本。但布魯德看到的卻是清污工作本身。他這種不同的視野為褐地創造出完美的解決方案。

布魯德之前已經成立了一家名為「溪山」（Brookhill）的房地產開發公司，員工十八人，經營績效也不錯。布魯德知道自己該怎麼做才能抓住這個機會。於是，他找上全球規模數一數二的環保工程公司泰懋（Dames & Moore），向他們提出自己的想法。泰懋對他的想法大為激賞，決定與布魯德共同成立一家公司來發展這項新事業。有了這家員工多達一萬八千人的大企業背書，保險公司認為風險大幅降低，於是提出了費用合理的承保計畫。保險到位後，瑞士信貸第一波士頓銀行（Credit Suisse First Boston）也決定提供融資，讓溪山有能力購買、清理、重新開發、再出售高達兩億美元的污染土地。就這樣，溪山創造了一個全新的褐地再開發產業。這個產業至今依然蓬勃發展。布魯德的為什麼不僅開啟了一個獲利豐厚的行業，更因此清整了我們的環境。

布魯德做的是什麼並不重要。這些行業及挑戰都是他恰巧碰上的。真正重要且不變的是，他為什麼要做這些事。布魯德知道，無論機會有多好、他有多能幹或自己過去的成績有多輝煌，沒有其他人的協助，他不可能成就任何事情。他知道，成功需要團隊合作。他有一種神奇的能力，可以吸引到志同道合的人與他共事。許多才華洋溢的人被他吸引過來之後，只會問他一個問題：「你需要我做什麼？」在挑戰了許多現狀、改造了好幾個行業之後，布魯德現在又將眼光轉向另一個更大的挑戰——推動世界和平。他創立了「就業教育基金會」（Education for Employment Foundation），這就是他推動世界和平的擴音喇叭。

在協助中東地區年輕人的工作上，「就業教育基金會」成績斐然，它大幅改變了許多年輕人的生命、甚至是整個區域的發展。正如當年在十字路口教導自己的女兒，每件事都可以有不同的詮釋與選擇，布魯德也為中東問題提供了另一種詮釋與解決之道。正如往日所有的成功經驗，「就業教育基金會」不僅是一項事業，更在推動事業的過程中，為世界和平做出極大的貢獻。布魯德不是在經營一個事業，他也是在領導一場社會運動。

## 任何偉大的事業，都始於個人

整件事始於 2001 年的 9 月 11 日。和許多人一樣，911 攻擊事件後，布魯德也開始關注中東問題。他無法理解這種事情怎麼可能發生，但他知道，這種事只要發生一次，就可能發生第二次。為了兩個女兒的安全，他希望找出方法，防範這種事情再度發生。

在找出自己可以做些什麼的過程中，布魯德發現了遠比保護女兒、甚至防範恐怖主義更深層的問題。他發現，在美國，絕大多數年輕人每天早上醒來，心中都有一種對未來充滿希望的感覺。無論經濟是否景氣，多數生長在美國的年輕人都有一種與生俱來的樂觀精神，覺得只要自己願意，就可以有一番作為，也就是打造自己的美國夢。但一位生長於加薩（Gaza）的年輕男孩，或生活在葉門（Yemen）的女孩，每天早上醒來卻不會有這種感覺。即使有同樣的渴望，他們也沒有同樣的樂觀心情。說這是文化差異，那就太簡化這個問題了。這種解釋讓人覺得氣餒，因為無從採取行動。但其實真正的問題是，中東地區根本沒有任何機構可以幫助年輕人對未來產生樂觀的感覺。比方說，約旦的大學教育或許可以為人提供某種社會地位，卻不見得能幫助一位年輕人面對未來的挑戰。這樣的教育制度只會在文化中埋下悲觀的種子。

布魯德發現，今天西方面臨的恐怖主義，問題癥結其實不在中東年輕人如何看待美國，而在於他們如何看待自己以及自己的未來。透過就業教育基金會，布魯德在中東地區推出了許多計畫，教導年輕人所需的各種軟實力、硬技術，讓他們覺得自己的人生不是毫無機會、他們也能掌控自己的命運。布魯德利用就業教育基金會與全世界分享他的為什麼——教導年輕人不被現狀困住、人生永遠有另外一條路。

就業教育基金會不是一個想在遙遠國度做點好事的美國慈善組織。它是一個全球性的運動。各地區的就業教育基金會都獨立運作，董事會大多數也都是當地人組成。各地區的領導者以幫助在地年輕人為使命，為他們提供技能與知識，以及最重要的──自信，讓他們有能力為自己選擇一條新的道路、覺得自己的人生充滿機會。阿布賈伯（Mayyada Abu-Jaber）負責主導約旦的運動；納加（Mohammad Naja）負責在加薩及約旦河西岸（West Bank）推動這個理想；阿勒亞尼（Maeen Aleryani）則希望證明這個信念甚至可以翻轉葉門的文化。

葉門的孩子可以接受九年的教育，但這幾乎是世界最低標準。美國的孩子有機會接受十六年教育。受到布魯德啟發，阿勒亞尼看到年輕人真的可能擁有改變自己人生、掌控未來的機會。他開始尋找資金，希望在葉門首都沙那（Sann'a）快速啟動就業教育基金會的計畫。短短一週他就募到了五萬美元。即使以美國的標準來看，這都是極快的速度。但這可是在葉門。葉門的文化中並沒有慈善事業的傳統，這個成果也就更顯珍貴。葉門也是該地區最貧窮的國家之一。但只要你告訴大家為什麼你要做這件事，奇妙的事情就會發生。

在中東地區，每一位投身就業教育基金會的人都深信，他們可以將一些技能教給自己的弟兄姊妹、兒女後輩，幫助他們改變本以為無法改變的命運。他們努力幫助當地的年輕人相信，自己的前途機會無窮、充滿希望。他們做這些事不是為了布魯德，而是為了他們自己。這就是就業教育基金會一定會改變世界的原因。

坐在擴音喇叭的頂端，也就是為什麼的位置，布魯德的角色是負責感召、啟動這個運動。但這個運動要持續並真正帶來改變，卻必須仰賴許多擁有相同信念的人一起行動。不論身在何處、不分職業國籍，任何人都可以成為運動的一份子。這是一種志同道合的感覺。如果你也相信任何事都可以有不同選擇，而我們的責任就是把這些可能性點出來，請你趕緊上efefoudation.org 網站、加入這個運動。改變世界需要每一個擁有相同理念的人的支持。

09

# 用清楚的做什麼
# 與混亂市場溝通

踏著齊一步伐，一群人排成單一縱隊，魚貫走入。他們一言不發、目不斜視，長得幾乎一模一樣。剃光頭、一身破爛的灰衣，靴子上也蒙著厚厚的灰。一個接著一個，這些人漸漸擠滿一間偌大、有如洞穴般的房間。這裡看來彷彿科幻片中的停機棚。舉目望去，每樣東西都是灰的。牆是灰的。塵土飛揚、煙霧瀰漫，彷彿連空氣都是灰的。

數以百計、甚至千計宛如幽靈的人，一個一個在排列整齊的長板凳上坐下。一排接著一排，彷彿一片寧靜的灰色海洋。房間正前方掛著一幅牆面大小的大螢幕，所有人都盯著螢幕上那個說話的巨大面孔看。他顯然是領導者，正在自豪地宣布，一切都已在掌控之中、一切皆已完美，所有害群之馬都被除盡——至少他們這麼宣稱。

長長的隧道裡，金色短髮的女子正快速奔向這個巨大的洞穴。女子穿著鮮紅色短褲與雪白 T 恤。就像一座燈塔，她的面容和一身鮮豔的衣服似乎穿透了這片灰色濃霧。她手握長柄大鎚，武裝警察在後竭力追趕。完美的現狀即將被打破。

1984 年 1 月 22 日，蘋果推出了麥金塔電腦，同時也發表這支如今已成經典的電視廣告。廣告中描繪的是一個宛如歐威爾（George Orwell）筆下、反烏托邦小說《1984》中、由「老大哥」（Big Brother）掌控一切的極權場景。但廣告最後的字幕與旁白宣告：「1984 將不再是 1984。」這支廣告的意義遠不僅止於一支廣告。它強調的不是蘋果新產品的功能與好處。它說的不是蘋果的「差異化價值主張」。它其實是蘋果的一項宣言，對蘋果的為什麼的禮讚。它以影片的方式來表達個人向現狀宣戰、掀起革命狂潮的理念。雖然蘋果產品不斷改朝換代、世界潮流也歷經更迭，這支廣告至今依舊撼動人心，正如二十五年前首次播放時一樣。這是因為某些為什麼永遠不會改變。你的做什麼可以與時俱變，但你為什麼而做，永遠不會改變。

多年來，蘋果不斷透過各種方式向世界傳達他們的信念，這支廣告只是其中之一。所有蘋果廣告、對外溝通、產品、合作夥伴、包裝，甚至蘋果專賣店的設計，都是他們闡釋自己的為什麼的途徑，也成為蘋果不斷挑戰既有想法、極力強化個人能力的證明。大家有沒有注意到，蘋果廣告裡從來不會出現一群人一起享受蘋果產品的景象？永遠都是單獨的個人。蘋果的「不同凡想」系列廣告，描繪的也都是一些大膽創新、引領風潮的個人，而非團體，永遠都關乎個人。當蘋果要大家「不同凡想」時，他們描繪的不只是自己。「不同凡想」系列廣告裡出現的人物包括畢卡索、舞蹈家瑪莎·葛萊姆（Martha Graham）、木偶大師韓森（Jim Henson），以及大導演希區考克等，而海報左上方或右上角就印著「不同凡想」四個字。蘋果不是以和這些知名人物連結，來彰顯自己的叛逆精神。他們選擇這些知名人物，是因為他們剛好展現了蘋果的叛逆精神。為什麼優先，廣告創意只是呈現為什麼的手段。沒有任何一支蘋果廣告裡描繪的是一群人，這絕非偶然。提升個人的力量及精神，就是蘋果存在的為什麼。因為蘋果很清楚自己的為什麼，所以我們才會知道。無論你是否認同蘋果的理念，我們都很清楚他們相信的是什麼，因為他們說得既清楚又大聲。

## 說得清楚，才能聽得明白

黃金圈三角錐反映了一個組織的結構。這個體系下方還有另一個體系，那就是市場。市場有許多構成元素，包括所有的顧客及潛在顧客、所有的媒體、股東、競爭者、供應商，還有所有的錢。這個體系的本質就是混亂的。結構完整的三角錐與下方無秩序的體系之間唯一的連結面，就是做什麼這個層級。一個組織做的每一件事、說的每一句話，都在與外界溝通組織領導者的願景。公司提供的所有產品、服務、行銷活動與廣告、所有的對外接觸，溝通的也都是這個。人們想要買的不是

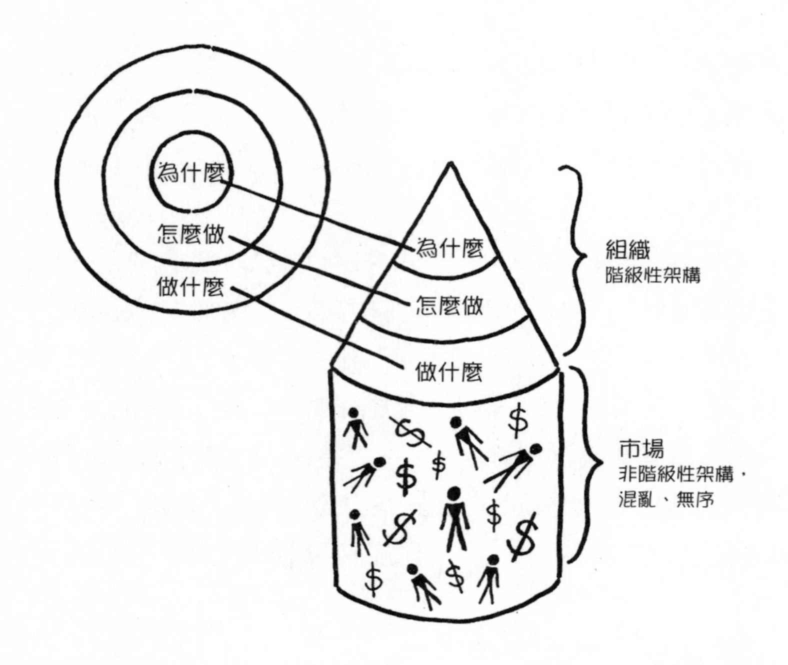


你做什麼，而是你為什麼而做。因此，如果做什麼的階層無法清楚反映公司存在的為什麼，感召力必然大大減弱。

公司規模還小的時候，這往往不是問題，因為公司創辦人經常必須親自與外界接觸。由於手下可信賴的怎麼做型的人還不夠多，因此，許多重要決策還是需由創辦人自己負責。在這個階段，創辦人或領導者甚至必須經常親自出馬與顧客接觸、銷售產品，並負責聘僱所有的員工。然而，隨著公司規模逐漸擴大，制度與流程將慢慢建立，更多的員工也會加入。領導者的願景開始變成一個有組織的架構，三角錐逐漸成形。組織日漸擴大，領導者的角色也將隨之改變。他不再是擴音喇叭中最大聲的部分。他將成為訊息的源頭，然後經由下面的擴音喇叭放送出去。

當一個公司規模還小時，創辦人的個性主導一切。這時，創辦人的個性就等於公司的個性，這一點少有疑義。但為何我們總會認為公司愈來愈成功，情況就該有所不同？賈伯斯這個人和蘋果這家公司之間有何差異？沒有。布蘭森爵士的個性和維京集團的個性有何不同？沒有。當公司規模逐漸變大，執行長的任務就是把自己變成為什麼的化身，將自己的理念、願景體現出來、不斷談論它、傳揚它，讓自己成為公司理念的象徵。他們代表公司的信念，而公司展現的所有行動則是他們的聲音。正如金恩博士與民權運動，領導者的角色不再是親自去完成每件任務，而是啟發眾人、感召行動。

隨著組織愈來愈大，領導者距離公司實際的工作、甚至實際的市場也愈來愈遠。我最愛問一些企業老闆，他們認為自己最優先的責任是什麼。雖然公司的規模與架構各有不同，但他們的答案不外乎兩個：顧客、股東。不幸的是，只要是有點規模的公司，少有執行長會每天與顧客實際接觸。顧客與股東都存在於公司組織之外，也就是存在於混沌的市場之中。正如三角錐顯示的，執行長的角色，也就是領導者的責任，並非專注於外面的市場，而是應該專注於自己下方的那個階層，怎麼做的層級。領導者必須確保團隊中一定有真心認同自己的理念，

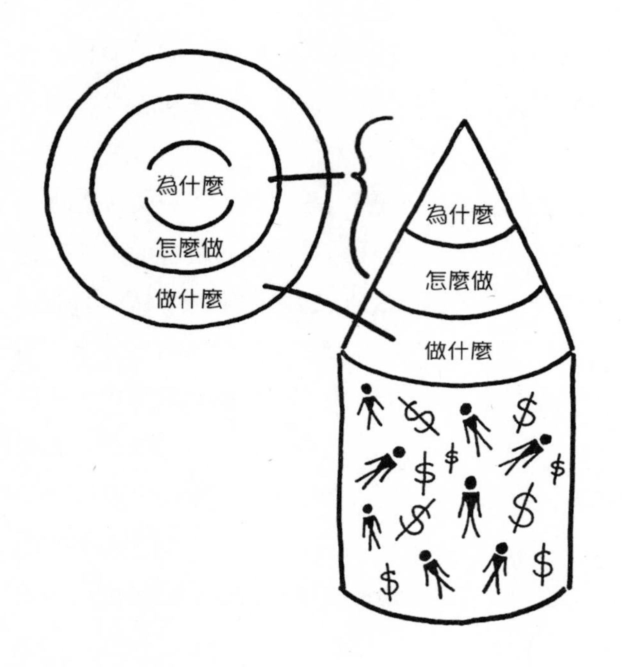


而且還知道如何打造出有效團隊的人。怎麼做型的人則必須負責了解領導者的為什麼，然後每天不斷地建構體制、引進實際執行任務、可以達成公司為什麼的基層員工。基層員工的責任，則是讓公司的行動能完全呈現出組織的為什麼、讓外界了解。他們最大的挑戰，就是必須把訊息傳達得清晰而明確。

記得黃金圈背後的生物學基礎嗎？為什麼存在於人腦中控制情感與決策的區域，而非控制語言的區域。做什麼則存在於腦中控制理性思考及語言的區域。比較一下人腦的構造與黃金圈三角錐，我們可以得到一些重要的發現。

位於組織頂端的領導者就是感召力的源頭，也象徵著我們做事的原因。他們代表的就是我們腦部負責情感的邊緣系統。公司的一言一行則代表我們負責理性思考及語言的大腦新皮層。正如人類很難用言語清楚表達自己的情感（例如我們很難解釋為什麼我們會愛上另一半），要一個組織清楚說明自己的為什麼也同樣困難，因為我們腦部控制情感與控制語言的部分並不相同。由於黃金圈完全符合人類決策的生物特性，而三角錐正是立體的黃金圈，按照這個邏輯，任何組織當然也很難清楚地與外界溝通自己的為什麼。以商業術語來說，這就代表要清楚溝通公司的「差異化價值主張」，真的非常困難。

也就是說，企業一直覺得難以與外界溝通自己的差異性或真正的價值，其實並不是商業問題，而是生物的問題。正如一個人很難用言語說清楚自己的感情，於是我們常用比喻、圖像，或類比的方式，試圖說明自己的感受。由於無法以精準的言語表達出自己深層的感受、意圖、信念或使命，我們開始說故事、使用象徵符號。我們會創造出一些具體的事物，讓與我們志同道合的人可以指著說：「就是這個感召了我。」如果做得好，行銷活動、品牌形象、產品、服務都可以幫助我們達到這個目的，成為組織與外界溝通自身信念的方法。溝通夠清楚，別人就能夠真正了解你。

10

# 溝通的重點，在於聆聽

金恩博士日後將成為整個美國民權運動的象徵，而他也選擇了林肯紀念堂這個最富象徵意義的地方，提出他名流青史的演說。和金恩博士一樣，林肯（或是他的紀念堂）也是人生而自由的美國精神最重要的象徵。偉大的社會深知象徵的重要性，它可以鞏固價值觀、精準反映信念。獨裁者也深諳象徵符號的重要性，但他們通常是以象徵符號來表彰自己，而非一個更崇高的信念。象徵能幫助我們將無形的理念變得具體、更易於掌握。但象徵符號有意義唯一的原因，其實是我們為它賦予了意義。這種意義存在於我們心中，而非象徵符號本身。只有當我們自己的願景、目標、信念清楚時，象徵符號才能發揮出巨大的影響力。

舉例來說，國旗只是國家價值與信念的一種象徵。但我們卻會追隨國旗奔赴戰場。這種力量真是強大。大家有沒有注意到美國官兵縫在右手臂上的國旗？它其實是反的。但它不是不小心弄反的，而是有特別目的。當一支軍隊向前衝的時候，如果從右手邊看過去，正面的國旗會變成反向的。如果不調一個方向，往前衝的軍隊反而看來會是像在撤退。

由於國旗被賦予了那麼崇高的意義，有些人甚至曾經想立法禁止任何人褻瀆美國國旗。這些愛國人士想要保護的，並不是製作這些國旗的材料。他們所提出的法案與毀損罪無關。他們想要保護的是國旗所象徵的意義，也就是美國的為什麼。他們草擬法案，想保護的是一套無形的價值觀與信念，而國旗剛好是這些價值觀與信念的具體象徵。雖然最高法院最後否決了法案，但它確實激起了一場激昂的辯論。提案遭到否決的理由是，法案想要保護的是代表美國自由精神的象徵，但卻剛好違反了美國言論自由的精神。

雷根是一位偉大的溝通者，他深知象徵的力量。1982 年，他是第一位邀請「英雄」坐上國會議場講台、聆聽他發表國情咨文的總統。這項傳統一直延續到今日。雷根渾身散發樂觀精神，他知道以具體象徵（而非空泛的言語）來表彰美國精神的重要性。他邀請的「英雄」就坐在第一夫人身旁——藍尼・史卡尼克（Lenny Skutnik）是一位年輕的美國公務員。幾天前，佛羅里達航空（Air Florida）班機墜落華府波多馬克河中，一位已被救援直昇機救起的女士又不慎掉進河裡，那一瞬間，史卡尼克奮不顧身地躍入冰冷的河水中，將人再度救回來。雷根總統想要強調一件事，但言語太過空洞，只有具體行為能夠表達出這種深刻的價值。講完史卡尼克的故事，雷根接著說：「不要讓任何人告訴你，美國最輝煌的年代已經過去了、美國精神已蕩然無存。今天，我們仍然在每一天的生活中不斷見證美國精神一再獲勝，我們豈能停止相信。」史卡尼克成了雷根彰顯美國精神與勇氣的象徵。

大部分的公司都有自己的企業標誌，但少有企業能將自己的標誌轉變為有意義的象徵符號。由於大多數的企業都不太擅長溝通公司的理念，因此多數企業標誌也都不具有任何獨特的含意。它們頂多只能成為公司及產品的辨識符號。除非我們知道一個象徵符號在辨識之外還有更高的存在價值，否則這個象徵符號不會產生任何深刻的意義。沒有清楚的為什麼，一個企業標誌就只是個識別符號。

如果有人以為企業標誌代表的是品質、服務、創新之類的意義，那它就真的只是一個商標。因為這些品質所反映的都只是公司本身，而非它的為什麼。別忘了那些獨裁者，他們也都深諳象徵符號的威力，只不過他們用的符號都只是在高舉他們自己本人。許多企業的行徑也和那些獨裁者一樣，他們的商標說的都只是他們自己，以及他們想要的東西。他們告訴我們應該做些什麼、我們需要什麼。他們說他們有答案，卻無法感召我們、引發我們的忠誠。進一步來看，獨裁者是透過恐懼、獎賞以及他們所能想到的各種操弄手段來維繫自己的權力。大家不是因為心悅誠服而跟隨獨裁者，而是因為逼不得已。如果企業希望成為偉大的領導者而非獨裁者，他們所有的象徵符號——包括企業標誌，就都必須代表一些別人能認同且願意擁抱的信念。這就需要清晰、紀律，以及一致性。

要讓企業標誌成為一種象徵，你必須讓大家願意使用這個標誌來反映自己是誰。時尚品牌是最明顯的例子。大家常以這些品牌的標誌來彰顯自己的身分地位。但這些標誌的象徵意義多半也很一般。一個真正能表達特殊意義的企業標誌，是哈雷機車。

有些人會把哈雷機車的標誌刺青在自己身上。這件事簡直太奇怪了。他們竟然願意把一個企業的標誌紋在自己的皮膚上。有些人甚至還不見得有哈雷機車！有哪一個理性的人會願意把一個企業標誌紋在自己身上？原因很簡單。經過長年累月、清晰地溝通自己的信念、有紀律地奉行一套價值觀、謹守符合這套價值觀的行事準則、言行總是與理念一致，哈雷機車的標誌成為一種象徵。它不再只代表一家公司及它的產品，而是成為一種理念的象徵。

其實，大多數有哈雷機車刺青的人，並不清楚哈雷的股價如何，也不清楚公司最近有哪些管理上的變革。這個象徵符號不再只代表哈雷這家公司。哈雷的商標反映的是一整套價值觀，這些人自己的價值觀。這個符號代表的不再是哈雷，而是他們自己。曾經當過美國海軍陸戰隊員的富勒（Randy Fowler），如今是加州一家哈雷經銷商的總經理，他驕傲地展示自己左臂上的哈雷刺青。「它象徵了我是什麼樣的人，」富勒說。「基本上，它代表我是一個美國人。」顧客與公司已融為一體。哈雷在許多人的生命中產生了非常特殊的意義，對於認同哈雷的為什麼的人而言，哈雷機車的標誌可以幫助他們表達自己的價值。

由於哈雷展現出很強的清晰度、紀律及一致性，因此即使不一定認同哈雷的理念，大家也都知道這個標誌象徵的意義。這也是為什麼當肩膀上刺著大大哈雷標誌的人走進酒吧時，大家都會識相地走避、讓他擁有一個寬闊空間的原因。事實上，哈雷的象徵意義是如此強烈，哈雷公司竟然有12%的營業額來自於企業標誌周邊商品。這真是驚人。

然而，不是只有企業標誌能成為一種象徵符號。2005年12月，海珊政權被推翻後，伊拉克舉行首次選舉，民眾以墨水沾染手指，以防重複投票。自此，染了墨水的手指就成為「嶄新的開始」的象徵。另外，倫敦的雙層公車、牛仔帽也都是一種國家文化的象徵。但國家象徵比較容易建立，因為多數國家都有清晰的文化傳統，歷經無數世代的粹煉與遵循。然而，企業或組織的商標象徵的意義，並不是自己可以決定的，而是由擴音喇叭之外的群體，也就是混沌的市場所決定的。如果一個外人可以根據聽見、看見的訊息，一再明確地說出一個組織的信念，這時，象徵符號才可能真正產生意義。一個擴音喇叭是否真的有效，最大的考驗就是看領導者的願景是否能清晰地體現在整個組織的所有行動之中。

讓我們回到第九章開頭的那支蘋果廣告。如果你看過這支廣告，它會讓你想到蘋果和它的產品，還是只是深深受它感動？那一句「不同凡想」，有沒有打動你的心？

如果你是麥金塔顧客，你應該會非常喜歡這支廣告；看的時候，你甚至會全身起雞皮疙瘩。這就是蘋果的為什麼已經在你心中（也就是邊緣系統）引發共鳴的證明。事實上，當你發現它原來是蘋果的廣告之後，你甚至會更加下定決心，一定要買一部麥金塔電腦，不管是第一次購買或是第十次。這支廣告和所有蘋果的行銷活動一樣，都是蘋果用以傳達、鞏固信念的方法。它與大家所熟知的蘋果理念完全一致、互相呼應。即使原本不是蘋果迷，如果這支廣告感動了你，你很可能也會非常欣賞這個「不同凡想」的理念。蘋果做的每件事都是為了闡述自己的理念，這支廣告也是其一。它只是蘋果證明自己的為什麼所做的事情之一。它是一種象徵。

我們常說某個廣告「真的說出我的心聲。」其實，它的目的不僅是要說出你的心聲，而且要說出上百萬觀眾的心聲。當我們說某件事「說出了我的心聲」時，我們說的其實是，儘管周遭環境如此嘈雜，我還是聽到了你的訊息。我不但聽到了，而且非常認同。也就是說，透過擴音喇叭傳遞出來的訊息，真的引起了我們的共鳴。

任何一個從擴音喇叭底層傳遞出來的訊息，都可以用來闡述組織的理念。一個企業的一言一行，都代表它的理念。太多企業因為產品或服務可以創造營收，而將大部分精力投注在這些事情上。但擴音喇叭的底層有太多東西，同樣能用來引發外界共鳴。產品固然能帶來營收，但光靠產品卻無法創造忠誠度。事實上，一家企業甚至能在非顧客群中創造忠誠度。以我自己為例，早在我買下第一個蘋果產品以前，我就已經不斷對人宣揚蘋果的精神。而我對自己早已是老主顧的另一電腦品牌，卻沒什麼特殊感情。

蘋果的清晰度、紀律與一致性，也就是他們打造清晰且音量大的擴音喇叭的能力，才是蘋果能創造出驚人忠誠度的真正原因。許多人常說蘋果迷簡直就像是狂熱的邪教追隨者，而蘋果的員工則被戲稱為「賈伯斯的信徒」。無論是恭維或詆毀，這件事證明了這些人不但清楚聽見了蘋果的信念，而且深深認同。專家以「生活風格」來形容蘋果的產品及行銷手法，這件事更證明了蘋果迷是以蘋果的產品（也就是做什麼）來彰顯自己的信念與特質。我們稱為生活風格行銷，正是因為大家已將這些產品融入個人生活中。蘋果有效地打造了一個訊息清晰的擴音喇叭，同時善用擴散定律、邀請眾人一起來傳播自己的理念，不是為了蘋果，而是為了他們自己。

即使是行銷手法及夥伴關係的選擇，也是蘋果用來體現自身理念的方式。2003 到 2004 年，蘋果決定與百事可樂聯手行銷 iTunes，百事可樂正是以「新一世代的選擇」作為自己的品牌定位。蘋果選擇與飲料盟主可口可樂的最大挑戰者合作，是一件再合理不過的事。事實上，蘋果做的每件事、說的每句話，都在充分體現自己的理念。我在本書中大量運用蘋果的例子，就是因為蘋果在怎麼做上，展現了最大的紀律；在做什麼上，完全一以貫之；因此，無論喜不喜歡蘋果，每個人都很清楚他們的為什麼。我們都知道蘋果相信什麼。

多數人都沒讀過有關蘋果的書，與賈伯斯也素為謀面。我們不曾待在蘋果總部，仔細觀察他們的企業文化。我們了解蘋果的理念，原因只有一個，就是蘋果所展現的一切行為。大家想買的不是你的產品（做什麼），而是你的理念（為什麼），而蘋果的一言一行，沒有一樣不是在表達他們的理念。如果你做的事不能充分體現你的理念，沒有人會了解你的為什麼，你也就只好被迫以價格、服務、品質、功能來與人競爭，讓自己淪為沒有特殊意義的一般性商品。蘋果擁有一個清晰而響亮的擴音喇叭，而且在傳遞理念上表現得極為傑出。

## 芹菜測試

為了改善自己的怎麼做與做什麼，我們常會參考別人的做法。我們會參加研討會、閱讀相關書籍、尋求朋友或同儕的建議。有時候，我們自己也會成為別人的軍師。我們努力尋求所謂的「最佳做法」。但認為一個組織的成功經驗可以適用在別人身上，卻是個錯誤假設。即使同一個產業，甚至規模、市場條件都相仿，「在他們身上行得通，對我們也一定有用」的想法，卻絕對行不通。

我知道一家公司，他們有非常獨特的企業文化。當別人問起時，他們的員工會說，他們最喜歡的就是公司的每一間會議室裡，都有一台乒乓球桌。難道這就表示，如果你也在所有會議室都擺乒乓球桌，你們的企業文化也會大大改進？當然不可能。這就是沒有所謂「最佳做法」的一個例子。認為只要模仿優秀組織的怎麼做與做什麼，就能讓你也變得優秀，這種想法根本上就是一種謬誤。就像法拉利與本田的例子，一家公司成功的做法，不見得對另一家公司也有效。簡言之，「最佳做法」不見得永遠是最佳的選擇。

真正重要的不是做什麼與怎麼做，而是你做的事情及做事方法是否與自己的為什麼相符。只有互相配合的情況下，你的做法才是所謂的「最佳做法」。參考別人的做法並沒有錯，真正的挑戰是去了解，哪些適用於你、哪些不適合。還好，你可以用一種非常簡單的方法來找出適用於自己的做什麼與怎麼做。這是一種簡單的比喻法，叫做「芹菜測試」（celery test）。

假設你去參加一個晚宴，忽然有朋友跑來告訴你，「你知道你的組織需要什麼嗎？ M&M 巧克力。不用 M&M，根本就是有錢不去賺。」

這時，另一個朋友又跑過來，說：「你知道自己該做什麼嗎？豆漿。研究顯示，現在每個人都在買豆漿。你應該賣豆漿才對。」

當你站在雞尾酒桌旁邊的時候，另一位朋友又給你一個建議。「Oreo 餅乾，」他說。「我們靠 Oreo 餅乾賺進了好幾百萬美元。你絕對要做 Oreo 餅乾。」

這時又來了一個人，告訴你：「芹菜！你一定得做芹菜這門生意。」

所有這些有成就的朋友給了你那麼多重要建議。有些人和你身處同一產業，有些人比你成功，有些人也給別人相同的建議，結果讓人受益匪淺。這時，你該怎麼辦？

你跑去超級市場，買了芹菜、豆漿、Oreo 餅乾，還有 M&M 巧克力，一樣也不敢漏。你在超市裡花了許多時間，來回尋找自己要買的東西。你也花了很多錢，因為你什麼都買了。但這些東西對你可能有用、可能沒有（搞不好全部都沒有任何價值），誰也不敢保證。更糟的是，如果你的預算有限，你還得好好篩選。這時，你又該如何選擇？

有一件事是確定的：當你的手上抱著所有東西（芹菜、豆漿、M&M 巧克力、Oreo 餅乾）等著排隊付錢時，沒有人知道你到底相信什麼。你做的事情原本應該體現你的理念，但你手上卻琳瑯滿目、什麼都有。

如果你在去超市之前，先搞清楚自己的為什麼，結果又會如何？如果你的為什麼是：只做對自己健康有益的事情，結果又會如何？你還是會聽到所有朋友給你的建議，唯一的不同是，下一次你去超市時，你只會買豆漿和芹菜。只有這兩樣東西與你的為什麼相符。其它的建議不是不好，只是不適用於你，因為它們並不符合你的目標與理念。

以為什麼來篩選你的抉擇，你在超市花的時間、金錢都會比較少。所以，這其中還有效率的問題。它能保證你買的東西一定對自己有益。更重要的是，當你手上拿著這些東西等著結帳時，每個人都會知道你相信的是什麼。手上只拿著芹菜和豆漿，身旁的人都能清楚看出你的理念。「看得出來，你是個知道要好好照顧自己健康的人，」他們可能會這麼對你說。「我的想法和你一模一樣。可不可以問你一個問題……」恭喜你，你剛剛吸引到了一個顧客、一位員工、一個合作夥伴，或是一份推薦，只因為你做了正確的決定。只要確保你做的事情能夠清楚體現自己的理念，與你理念相同的人自然就能很容易找到你，因為你做的事情已經成功地溝通了你的為什麼。

這是理想的狀況。但在現實世界，我們不見得都能一直保持這種高度的紀律。我很理解，為了應付眼前的帳單或掌握一些短期的好處，有時我們必須做出一些短期的決策。沒關係，芹菜測試依舊適用。如果你真的想吃一塊巧克力蛋糕來解解饞，放心吃吧。真正的差別是，當你確實奉行從為什麼開始的原則時，你心裡會非常明白，這塊巧克力蛋糕只是一時的抉擇，它並不符合你的信念。你不會自欺欺人，你知道這只是為了滿足自己一時的口腹之慾，吃完了，就得好好做些運動來消耗掉這些熱量。

我非常驚訝，竟然有那麼多企業會將一時的機會看作是通往榮耀的坦途，後來才發現，自己的理想竟然已不知不覺消磨殆盡，或突然在眼前破滅。他們看見了巧克力蛋糕，卻不清楚那只是誘惑。從為什麼開始，不僅能讓你了解什麼才是適合自己的建議，也能讓你知道哪些決定會讓自己失衡。不得已的時候，你當然可以做出那些決策，但千萬不可過多，否則經過一段時間，沒有人會知道你真正相信的是什麼。

接下來是最棒的部分。只要我告訴你為什麼之後，你立刻就會知道我們只會買芹菜和豆漿。只要我給了你篩選的工具，只要我說出了為什麼，你就可以在我告訴你答案之前，立刻知道自己應該做出什麼決定。

這就叫做「指標」。

如果一個組織的為什麼非常清晰明確，組織裡的每一個人都能做出和創辦人同樣清楚而正確的決策。為什麼是決策的過濾器。無論是人員招募、合作夥伴的選擇、策略或戰術的運用，任何策略都應該先通過芹菜測試。

## 芹菜愈多，信任也愈多

馬克是一位好爸爸，常花時間陪兩個寶貝女兒露西和蘇菲。某個星期六下午，太太克勞汀帶著露西到另一個小朋友家玩，馬克負責在家陪五歲的蘇菲。馬克有點累，他今天已經陪孩子爬了八次樹屋。他很想賴在沙發上。為了給蘇菲找點事做，他決定請電視充當保母。馬克發現家裡有兩片新的卡通 DVD。兩片他都沒看過，也沒聽過媒體介紹或朋友推薦。馬克不想看卡通，他想讓蘇菲在起居室裡看電影，自己到另一個房間去看別的節目。兩片 DVD 中，有一片是不知名廠商出品，另一張則是迪士尼的產品。各位覺得他會選哪一片？你又會放哪一片？

答案實在太明顯了，認真討論實在有點傻。但我們就把它當成一件好玩的事來討論一下。兩片 DVD 都是卡通，也都適合五歲大的小孩觀看。DVD 的包裝盒上都有不錯的推薦文。唯一的差別是，我們通常比較相信迪士尼的卡通。迪士尼並不完美，它不乏管理或領導上的問題，股價有時也會下跌。他們經常碰到訴訟問題。有些人甚至認為，迪士尼也是專愛討好華爾街的爛公司。所以，我們為什麼要相信迪士尼？

原因是，迪士尼的為什麼清晰無比，他們存在的目的就是為了提倡好的家庭娛樂。幾十年來，迪士尼做的每一件事都體現了他們的信念。我們相信迪士尼，原因很簡單，因為我們知道他們的信念是什麼，他們通過了「芹菜測試」。長期以來，他們的言行與他們的信念完全一致。因此，家長幾乎可以完全信任他們，不必事先檢查，就可以放心讓孩子接觸迪士尼的節目內容。這和產品品質高低無關，這種決定也似乎完全不符合理性。

西南航空也通過了芹菜測試。多年以來，西南航空的言行完全一致，我們幾乎可以確定他們會做哪些事情。舉例來說，搭乘西南航空一向不必劃位。他們相信自由，而這正是其中一項證明。這種做法和他們的理念絕對相符。一家以服務普羅大眾、完全相信平等的公司，怎麼會座艙分等？如果達美航空、聯合航空或大陸航空也不分艙等，恐怕就沒什麼道理了，因為自由座的概念與他們的理念並不相合。

## 違反芹菜測試的結果

德國勃肯涼鞋（Birkenstock）、紮染（Tie-Dyed）T 恤、雛菊手環，加上一台福斯（Volkswagen，VW）廂型車。這些都是嬉皮年代崇尚和平、愛與素食的象徵。因此，當福斯汽車在 2004 年推出一款要價七萬美元的豪華車型，大家都覺得有點驚訝。這家會在最新的金龜車儀表板上放花瓶，讓車主插上鮮花的公司，竟然會推出 Phaeton 車款，來與賓士 S 系列、BMW 大 7 系列等奢華車種競食高檔車市場？福斯 335 匹馬力的 V-8 配備了許多業界最先進的功能，包括氣壓懸吊系統以及四區空調等。它甚至還配備了電動按摩座椅。這款車堪稱汽車界的驚人成就。它不但開起來舒適，而且馬力十足，性能比起同級車優秀許多。車評家都超愛這部車。但只有一個小小的問題，儘管性能極為優異，還有世界知名的德國汽車技術背書，買車的人竟然很少。這件事感覺就是有點不對勁。福斯汽車做這件事，就是與大家對它的認知不符。

德文Volkswagen的意思其實就是「平民的汽車」（people's car）。幾世代以來，他們一直在為你我製造汽車。每個人都知道福斯汽車代表人民的力量。它一向以提供一般人都負擔得起的優秀汽車來體現自己的信念。聰明的福斯這一次突然失去了平衡。這個情況和戴爾電腦突然決定推出 mp3 播放器，或聯合航空決定推出低價的泰德航空完全不同。一般人並不清楚戴爾和聯合航空的為什麼。在不了解為什麼的情況下，我們不太會去買這些公司「本行」以外的產品。但在福斯的案例中，大家很清楚福斯的為什麼，只是他們推出的新產品完全偏離了自己的理念。他們沒有通過芹菜測試。

在這件事上，豐田汽車和本田汽車的腦袋比福斯清楚多了。當他們決定推出頂級車款時，他們也跟著打造了全新的品牌 Lexus 及 Acura。在一般人心中，豐田已經是高效能兼具實惠的象徵，他們以一系列低價車打下自己的江山。他們知道，顧客不會願意花大錢去買同樣品牌、車蓋上頂著同樣標誌的高價車。雖然是豪華車款，Lexus 仍然是豐田實踐自己為什麼的一種方法。它依然體現豐田的理念，而公司的價值觀也完全沒變。唯一改變的是豐田實踐自身理念的途徑。

所幸，福斯沒有繼續犯錯，他們的為什麼也依舊清晰。但如果一家公司為了「抓住市場機會」而做了太多與自己的為什麼不符的事情，他們的為什麼就會愈來愈模糊，而他們感召市場、創造顧客忠誠度的能力也將大幅受損。

公司的言行極端重要。能體現組織理念的，正是最外層「做什麼」的層次。一個企業與外界最重要的溝通管道，就是這個層次。我們通常都是透過企業在這個層次的一切行為，進而認識它的信念。

PART V

# 小心岔路，成功才是最大的關卡

11

# 當為什麼失焦

某位大企業執行長感嘆：「近年來，很多浮誇的企業還有坐擁高薪的執行長，行徑實在令我失望。這些人坐在金字塔的頂端巧取豪奪，只顧自己利益，不管別人死活，這是當今美國企業界最嚴重的問題。」然而，這家企業近年卻也變成各界批評的焦點。

他在美國中部的農場長大，當時正值美國經濟大蕭條，或許這也是他一生節儉的原因。高中打美式足球時，沃爾瑪創辦人山姆・威頓（Sam Walton）身高175公分，體重只有59公斤，他很早就了解勤奮的重要。勤奮才能贏球，而身為校隊的四分衛，威頓贏過不少球。事實上，他們還曾贏過州冠軍。無論是勤奮、運氣，或者純粹出於一種無可救藥的樂觀，威頓很早就習慣當贏家，他甚至無法想像輸是什麼感覺。他自己的說法有點哲學：或許就是因為他永遠只想著贏，所以成為自我實現的預言。即使生長在大蕭條時代，他也因為擁有一條很好的送報路線，而一直維持不錯的生計。

威頓過世前就已將沃爾瑪從阿肯色州班頓維爾（Bentonville）的一家小店，經營成了年營業額440億美元、每週上門顧客高達四千萬人的零售業巨人。然而，要建立起一家規模相當於全球第二十三大經濟體的巨型企業，光是靠好勝心、勤奮的態度，以及天生的樂觀精神，恐怕並不夠。

威頓不是第一個懷抱遠大夢想的創業家。許多小企業的老闆也都夢想自己的公司有一天能長大。我認識非常多創業家，你很難想像其中有多少人告訴我，他們的目標就是要將公司發展成億萬美元規模的大企業。然而，這樣的機率實在不高。今天，全美註冊有案的企業總數高達2770萬家，而其中只有一千家能夠登上《財星一千大企業》（Fortune 1000）的名單，這些企業的年營收平均就大約是十五億美元。也就是說，所有美國企業要躋身這份名單的機率，其實還不到0.004％。要達到這樣的影響力、建立規模大到足以影響市場的超級企業，當然還需要其它條件的配合。

零售業的低價策略並不是威頓發明的。十元商店（five-and-dime variety store）的概念早在幾十年前就存在，而Kmart與Target也都和沃爾瑪一樣成立於1962年。威頓的第一家店開張時，折扣零售業早已是年產值高達二十億美元的行業。沃爾瑪的競爭者不僅限於Kmart和Target，許多競爭者的資金都比沃爾瑪充裕、地點更有利，成功機會似乎也更大。威頓甚至沒有發明出更好的經營模式。他承認自己向五〇年代美國南加州零售業先驅費德瑪商場（Fed-Mart）創辦人普萊斯（Sol Price）「借用」了不少經營手法。

沃爾瑪也不是唯一採用低價策略的零售商。正如我們先前討論的，價格原本就是非常有效的操弄手法。價格無法感召群眾支持沃爾瑪、讓他們擁有得以創造出引爆點、打進大眾市場的顧客忠誠度。低價策略也無法感動員工為沃爾瑪流血、流汗、流淚。不只是沃爾瑪可以使用低價策略，低價策略也不是沃爾瑪深受愛戴、終而大放異彩的主因。

對威頓而言，他的原動力來自於一個更崇高的目標、使命、信念。威頓相信的是「人」。他深信，只要他照顧別人，別人就會照顧他，沃爾瑪為員工、顧客、社區付出愈多，員工、顧客和社區給沃爾瑪的回饋也會愈多。「大家彼此照顧、互利互惠。這就是我們的秘訣。」威頓說。

這個概念要比「為大家省錢」偉大多了。對威頓而言，真正重要的不是顧客服務，而是「服務」的本身。威頓建立沃爾瑪，目的就是為了服務人群、服務鄉里、服務員工與顧客。服務是他的終極目的。

問題是，他的理念並未清楚地傳承下去。威頓過世之後，沃爾瑪的為什麼（服務人群）與它的怎麼做（提供低價商品）逐漸開始混淆。他們以操弄手段（低價策略）取代了威頓以服務人群為宗旨的感召力。他們忘記了威頓的為什麼，「廉價」

反而變成他們的驅動力。效率與利潤成了最重要的事，而這與威頓過去竭力實踐的創業初衷，形成了強烈對比。威頓曾說，「電腦可以精準告訴你實際賣出了多少貨品，卻無法告訴你你原本可以賣出多少東西。」要賺錢，就一定得付出成本，因為沃爾瑪的規模，他們所付出的成本，絕不只是金錢而已。從沃爾瑪的例子來看，忘記創辦人的為什麼讓他們在「人」的上面，付出了極為慘痛的代價。想想威頓的創業初衷，這件事是不是蠻諷刺的？

沃爾瑪曾經以照顧員工、體貼顧客而聞名，但近十年來卻醜聞纏身，而且每一樁醜聞幾乎都與壓榨員工、剝削顧客有關。2008 年 12 月，沃爾瑪總共面對七十三件違反勞資法的集體訴訟案，而且早已因為許多判決而付出好幾億美元的和解金。一個以服務鄉里為使命的企業，竟然讓自己和眾多社群對立，不禁令人感嘆。過去，各地民意代表曾努力修法，希望協助沃爾瑪進入他們的社區，如今，大家卻群起抵制他們。以紐約為例，布魯克林的市民代表就與工會聯手，共同抵制沃爾瑪在當地開店，因為他們在剝削勞工方面實在惡名昭彰。

沃爾瑪不但違反了威頓的創業理想，而且有一件事特別諷刺，他們也未能坦然從失敗中學習。「成功時熱烈慶祝，」威頓說，「失敗時幽默以對。不要把事情看得太嚴重。當你輕鬆以對時，別人也能輕鬆以對。」然而，沃爾瑪不但未能坦然承認自己辜負了創辦人的理念，反而一錯再錯。

沃爾瑪會在創辦人過世之後，想法、做法以及對外溝通都出現嚴重偏差，並不是因為競爭者變得比他們厲害。2002年，Kmart聲請破產保護，三年後更與老牌零售巨人席爾斯百貨（Sears）進行合併。而年營業額高達四千億美金的沃爾瑪，總銷售金額也仍高出Target六倍之多。事實上，放眼整個零售市場，沃爾瑪至今仍是全球最大的零售業者，他們賣出的DVD、自行車及玩具，數量遠高於任何美國企業。沃爾瑪的傷害並非來自外部競爭。多年來，沃爾瑪所面對的最大挑戰，一直都是自己。

沃爾瑪的做什麼與怎麼做一直沒有變。他們所面對的困境也和沃爾瑪身為企業巨人無關，因為遠在市場熱情消滅之前，他們早已是一家規模龐大的公司。真正改變的，是他們的為什麼變模糊了。這件事大家都看在眼裡，一家深受愛戴的公司如今已然失寵。大家對沃爾瑪的反感是千真萬確的，但我們腦中清楚感受這種負面情緒的部分，卻無法清楚點出到底是哪裡出了問題。於是我們只好將問題歸咎於那些看得見的具體因素，也就是規模和金錢。如果外人看不清楚沃爾瑪的為什麼，公司內部恐怕也十分混淆。如果內部都很混亂，外人當然就更看不清楚了。唯一清楚的是，今天的沃爾瑪早已不是威頓創立的沃爾瑪。到底出了什麼問題？

要說一切都是因為他們只關心利潤，未免太過簡化。所有的企業都想賺錢，但會賺錢並不是事情會出現如此重大轉變的原因。轉變只是問題的徵兆。如果不了解問題的真正原因，這種情況可能出現在所有大企業。但讓成功企業轉變為冷酷巨人的，並非命運或某種神祕的企業循環。問題出在「人」身上。

## 成功 vs. 成功的感覺

每一年，一群成功創業家都會在麻省理工學院位於波士頓市郊的恩迪考別莊（Endicott House）固定聚集。這個他們自稱為「巨人會議」（Gathering of Titans）的活動，絕非一般常見的創業研討會。它不是那種浪費時間的聯誼活動。他們不打高爾夫、沒有 Spa，也不舉辦昂貴的晚宴。每一年，四十到五十位企業家會花整整四天時間，從早到晚專心聆聽不同領域的專家分享的理念與想法，之後則由與會者自行帶領討論。

幾年前，我有幸以來賓身分參加了「巨人會議」。我以為它又是一群創業家聚在一起討論自己的工作，以為又會聽到一些有關利潤極大化、制度改善的討論與報告。但我所見到的，竟然是完全不同的東西。事實上，它與我的預期幾乎完全相反。

第一天，有人問與會者，多少人覺得已經達成自己的財務目標？只有大約八成的人舉手。我以為這就夠令人側目了。然而，真正發人深省的卻是下一個問題。大家手還舉著時，那人又問：「有多少人覺得自己有『成功』的感覺？」又有八成的手放了下來。

那裡有整屋子美國最優秀的創業家，許多人身價上億，如果不想繼續工作，很多人都可以立即退休、盡情享受人生。然而，多數人卻不覺得自己已經成功。事實上，許多人指出，創業之後，他們反而失去了很多。他們非常懷念從前那種沒錢、在地下室奮鬥的日子。他們很懷念過去曾經擁有的那種感覺。

這些優秀的創業家已經來到人生的一個階段，了解到自己的事業不該只是賣東西賺錢。他們發現了自己的做什麼與為什麼之間的深層連結。這些創業家聚在一起討論的是為什麼，而且他們的討論非常熱切。

他們不像典型的 A 型人格創業家，來這裡只是想向彼此證明些什麼。他們中間有一種奇妙的信任感，而非尖銳的競爭心態。由於這種信任感，每個人都願意敞開心胸、不怕讓人看到自己最脆弱的部分。未來的一整年，他們都不可能再如此暢所欲言。四天的活動，每個人至少都會流下幾滴眼淚。

我沒有興趣討論「金錢買不到快樂」或金錢買不到「成功的感覺」這類的話題，因為這些話題既不深刻，也不新鮮。真正讓我感興趣的，是這些創業家經歷的轉變。當他們的企業規模愈來愈大，他們也變得愈來愈成功，什麼事情改變了？

我們很容易看到事業成功為他們帶來的具體收穫，像是財富、辦公室的規模、員工人數、豪宅大小、市占率，還有媒體曝光率。但他們所失去的東西，卻很難以描述。有形的成就愈高，一些較微小的東西卻也開始消逝。這些成功的企業家都非常清楚自己的做什麼。他們也都很專精於怎麼做。但對許多人而言，他們不再清楚自己的為什麼。

## 成就 vs. 成功

對某些人而言，成功其實有點諷刺。許多人獲得了很大的成就（achievement），卻得不到「成功」（success）的感覺。有些人功成名就之後，只能哀嘆盛名只會帶來孤寂。這是因為成功與成就並非同一件事，而我們常常混為一談。成就是指達成了某些具體的目標，它是有形的成果，定義清晰而且可以衡量。成功卻恰好相反，它是一種感覺或心境。我們常用「感覺」來確認事實，比方說，我們常說「她覺得自己很成功」。為了達成具體的目標而擬定計畫很容易，但為追求一種「成功的感覺」而擬定計畫，卻十分困難。在我看來，當你以做什麼來達成自己的目標時，你所獲得的就是「成就」。當你清楚地追求一種為什麼時，你所能獲得的就是成功。成就的動機很具體，但成功的原動力卻隱藏在我們腦海深處，那是一種很難用言語描繪的感覺。

成功是一種永無止境的追尋。當我們每天早上醒來所追求的都是做什麼背後的為什麼時，就會有成功的感覺。我們的成就，也就是我們做了什麼，只是一些里程碑，告訴我們自己的方向沒錯。成功與成就並不相斥，我們兩種都需要。一位智者曾說：「金錢買不到快樂，但卻可以買到幫助我們與快樂同行的遊艇。」這句話非常有道理。遊艇代表的就是我們的成就，它很具體、清晰可見，只要計畫正確，絕對可以達成。我們想要與之同行的，則是那種難以定義的「成功的感覺」。這種感覺顯然既不可見，又難以達成。成就與成功是兩種完全不同的概念，有時它們會同時出現，有時卻不然。更重要的是，有些人追求的是成功，但卻誤將成就當成自己的終極目標。這也是為什麼無論他們的遊艇有多大、成就有多高，卻永遠無法真正獲得滿足的原因。我們常誤以為，只要能達成更多的成就，成功的感覺自然就會出現。事實並不然。

在打造事業的過程中，我們會對自己的做什麼愈來愈有信心，也會日漸成為怎麼做的專家。每達到一些成就，成功的指標和進步的感覺就愈明顯。生命何其美好。然而，對大多數的人而言，我們常會在旅途中，不知不覺就忘了當初踏上這段旅程的原因。在達成許多成就的同時，我們也常會突然走上岔路。無論個人或企業，情況都一樣。巨人會議中的每一位創業家所感受到的轉變，與沃爾瑪及許多大企業曾經歷或正在經歷的情況完全一樣。只是因為沃爾瑪的規模龐大，所以它的為什麼失焦所引發的震盪，影響範圍當然也比較廣泛，廣大的員工、顧客、社會大眾都深刻感受到了。

那些能夠永遠不忘為什麼的人，無論成就大小，都能感召我們。那些能永遠不忘自己的為什麼，而且在過程中能不斷創造里程碑、幫助大家齊力同心往正確方向前進的人，是真正偉大的領導者。偉大領導者的黃金圈永遠保持在平衡狀態。他們追求的是為什麼，他們對於怎麼做保持高度的紀律，而他們的做什麼則能完全證明並體現他們的理念。可惜的是，多數人的做什麼和為什麼常會出現失衡狀態。我們做的事會和自己的為什麼分道揚鑣。當有形的做什麼和無形的為什麼出現分歧時，岔路就出現了。

12

# 小心走岔路

沃爾瑪從一家小公司起家。微軟、蘋果、奇異（General Electric）、福特汽車，以及所有富可敵國的企業皆是如此。它們不是靠併購、從大公司切分而來，或是一夜之間突然壯大。幾乎每一家公司、每一個組織的起源都一樣：從一個理念開始。無論一個組織日後是成為像沃爾瑪這樣身價百億美元的大企業，或是創業沒幾年就關門大吉，多數都緣起於某個人或少數幾個人的一個想法或信念，就連美國也是這樣誕生的。

成立之初，理念常有熱情支持，而強大的熱情足以讓我們做出許多不理性的事情。熱情足以讓許多人奉獻犧牲，以成就遠高於自己的理想。有些人會毫不猶豫休學，或甘願離開薪水高、福利好的工作來加入。有些人不眠不休地投入，有些人甘願犧牲感情或親情，甚至賠上健康也在所不惜。這種熱情是如此強烈而有傳染力，甚至足以感染其他人。由於深受創辦人願景的感召，許多企業的早期員工都會出現典型早期採用者的行為模式。這些元老級員工常會跟隨自己的直覺，辭去金飯碗、接受低薪，加入一個有九成機會夭折的新創企業。但統計數字不重要。因為這時候，熱情與樂觀主導一切，所有人都精神抖擻、精力旺盛。就和所有早期採用者一樣，這些元老員工的行為所投射的，主要是自己的信念與夢想，而非公司實際的前景。

然而，許多小公司會不幸夭折，就是因為光靠熱情不足以成事。熱情要持續，還需要架構來支撐。沒有架構的熱情就和沒有怎麼做的為什麼一樣，失敗率極高。還記得網路泡沫嗎？那就是典型的熱情有餘，架構不足。然而，恩迪考別莊中的巨人們卻沒有這種問題，因為他們都知道要如何建立體系與流程，讓自己的企業順利成長。它們就是統計數字中的另外那10%、沒有在創業前三年就半路夭折的公司。事實上，他們的事業多半都表現不俗，他們所面對的是不同的挑戰。熱情需要架構才能存活，但架構也需要熱情才能順利擴充成長。

這就是我在巨人會議中看到的：一屋子擁有足夠熱情去開創事業，同時又有足夠的知識去建立制度及架構的人。他們不但得以存活，甚至還發展得很好。但在花了許多年，努力將願景轉變為存活下來的企業後，許多人開始將注意力完全轉移到做什麼或怎麼做的上面。他們緊盯財務數字或其他衡量成果的指標、一心只想著該怎麼做才能達到那些目標，不再將注意力放在當初為何創業的初衷上。這正是沃爾瑪碰到的情況。一家希望服務人群的公司，變成了一家只想達成目標的公司。

## 成功才是最大的挑戰

和沃爾瑪一樣，恩迪考別莊裡的創業家過去也都是按照「黃金圈」從內而外的原則來思考、行事及溝通的，也就是從為什麼到做什麼。但當他們愈來愈成功時，流程卻反了過來。做什麼變成最優先的考量，而所有的制度、流程都是設計來追求有形的成果。轉變會發生，原因很簡單——公司走上了岔路，他們的為什麼失焦了。

任何組織會碰到的最大挑戰，就是成功。當公司規模還小，創辦人通常會依據自己的直覺來做所有的決策。從行銷到產品、從策略到戰術、從聘用到解雇。如果創辦人真的很相信自己的直覺，這些決策一定「感覺」很對。但當組織規模不斷擴大、公司愈來愈成功時，創辦人不可能再親自做所有重大決策。他不但得開始信任他人、依靠這些人來幫忙決策，而且這些人也會開始負責人員聘任。慢慢地，擴音喇叭開始變大，為什麼的清晰度也開始受到挑戰。

雖然公司早期的決策多是依靠直覺產生的，但隨著組織不斷擴大，理性案例、實際數據開始成為決策的唯一依據。對於所有碰到岔路的組織而言，大家開始感受不到崇高理念的感召，只是每天到公司上班，盡責地管理好制度、努力達成公司

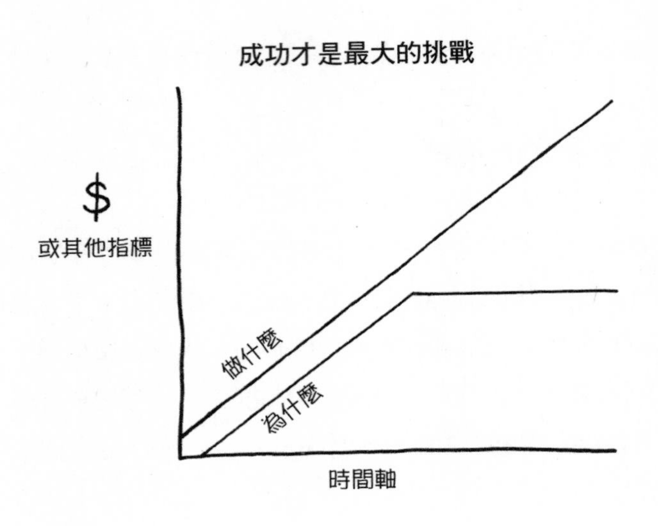


設定的目標。也就是說，他們不再建造教堂。熱情消逝、感召力降低。這時，每天到公司上班的人，多半只是來完成工作而已。如果組織內部成員感受是如此，外面的人會怎麼感覺，不難想見。難怪操弄手段會開始主導公司的運作及產品，甚至改變他們留住員工的做法。獎金、升遷以及其他的激勵手法，甚至恐懼心理，成為留住人才的唯一方法。感召力消失了。

上圖描繪了一個組織的生命循環。上面的線代表了組織的做什麼。對企業而言，衡量它的指標通常是金錢——獲利、營收、稅前盈餘、股價、市占率。但衡量指標也會因每個組織的做什麼而各有差異。舉例來說，如果你的組織做的是救援小狗的工作，它的指標可能就是成功救援的小狗數量。要衡量組織的做什麼表現得如何其實很簡單，因為做什麼很具體，因此也易於衡量。

第二條線代表的則是為什麼，也就是組織的使命、目的、理念。我們最大的目標就是確保做什麼不斷成長，而為什麼也能同時保持高度清晰。也就是說，當擴音喇叭的音量加大時，透過它所傳達出來的訊息必須同樣清晰。

擴音喇叭的音量完全來自做什麼的成長。因此，只要一個企業的規模繼續成長，它必然能成為「領導企業」。但唯有感召力，也就是清晰而明確的為什麼，才能讓少數人或組織真正擁有領導的能量。為什麼的清晰度開始變模糊的那一刻，就是岔路出現的時候。這時，一個組織或許聲音依然響亮，訊息卻不見得同樣清晰。

## 校車考驗

當組織規模還小時，做什麼與為什麼多半都能緊緊相連。由於組織的理念與創始人的個性密不可分，因此早期員工多半很容易體會。為什麼之所以格外清晰，是因為熱情的源頭就近在身旁，事實上，他每天都會出現在辦公室裡。在小公司裡，所有員工通常都擠在同一個辦公室裡朝夕相處，彼此關係緊密。時時刻刻都與感召力的源頭相處，自然會有一種貼近崇高理想的感覺。對於樂意維持「小而美」的企業而言，明確闡述為什麼固然有助提升企業效率，但重要性相對較小。但對於希望通過「校車考驗」（School Bus Test）的組織而言，要成為規模上億的組織，或培養出足以改變社會或市場的能量，處理岔路問題絕對是最高要務。

「校車考驗」是一個簡單的比喻。如果一個組織的創辦人或領導者不幸被校車撞了，組織是否能在失去舵手的情況下，繼續保持方向、全速往前？許多組織都高度依賴某一個人的精神或力量支撐，萬一他們不在，整個組織也將瓦解。但這不是「萬一」的問題，所有創辦人最後都會離開，只是時間早晚而已。重要的是，組織是否已為這不可避免的情況做好準備？真正的挑戰不是希望領導者長生不老，而是找出有效的方法，讓組織的創始理念能長久傳承下去。

要成功通過「校車考驗」，讓組織在創辦人離去之後還能繼續有感召力與領導力，創辦人的為什麼就必須經過淬煉，整合融入公司的文化之中。更重要的是，公司必須擁有一套縝密的接班計畫，及早選定一位深受創辦人感召、又有能力帶領整個組織順利進入下一階段的領導者。未來的領導者以及員工，都必須深受某種更崇高的理想（而非只是創辦人的個性及魅力）所感召，而且必須能看到比利潤及股東權益更重要的價值。

微軟也碰到了一個岔路，只是還未嚴重到無法重回正軌的地步。不久前，微軟的員工每天仍懷著改變世界的理想到公司上班。他們也的確改變了世界。在每個桌上都有一台電腦，微軟的成就徹底改變了人類的生活。但他們的為什麼卻開始模糊。有段時間的微軟，員工不再被要求每天要努力幫助別人變得更有生產力，以發揮每個人的最大潛能。微軟面臨變成平凡軟體公司的威脅。

如果你到華盛頓州雷德蒙德市（Redmond）的微軟總部走一趟，你會發現，雖然他們的為什麼已經開始模糊，顯然還未完全消失。那種理想、那種想要再度改變世界的欲望仍在，只是焦點漸漸模糊，雜亂地混在怎麼做和做什麼之中。微軟有一個絕佳機會，可以好好釐清自己的為什麼，重新找回將它一路帶上顛峰的那種感召力。如果依然只管自己做什麼、繼續忽視為什麼，很可能淪為下一個美國線上（America Online），一個錯過岔路太遠、已喪失夢想的公司。美國線上原本有的為什麼，如今早已不知去向。

## 即將下線的美國線上

美國線上原本是極具感召力的公司。就像今天的Google，它過去曾是最熱門的企業，大家都想進入美國線上工作。許多人遷居維吉尼亞，就是想擠進這家正在改變商業規則的公司。完全沒錯，就像所有感召力十足的企業，美國線上啟動了一波又一波的變革，幾乎徹底改變了我們做事情的方式。

他們啟發了美國，讓整個國家上線。他們的理念清晰，所有決策也都緊貼著自己的為什麼。他們的目的就是要讓更多人進入網路世界，即使追求這個目標的決心曾經讓公司一度陷入一個大災難，他們也在所不惜。由於他們的為什麼非常清楚，美國線上決定將按照上網時間計費的制度改為吃到飽的月費制，而且一舉將所有競爭者遠遠拋在後頭。但此舉卻造成他們的網路流量暴增、伺服器大當機。事後看來，這個決策既不實際也不合理，但這個選擇卻能落實他們的理念。流量暴增造成的系統當機只會讓他們更努力，想辦法解決問題，確保所有人不但都能上網，孩也能快樂地待在網上。

那時候，擁有美國線上的電子郵箱可是令人驕傲的事，象徵著使用者自己也是網路革命的一份子。現在，如果你還在用美國線上的電子郵箱，就遜斃了。光是 @aol.com 這個郵址的意義竟然會產生這麼大的改變，就足以證明美國線上偏離自己的創業理念多遠。失去了清晰的為什麼，美國線上只剩下規模與原有的慣性可以支撐它繼續前進一小段路。這家公司已經失去了它的感召力，無論對內、對外都一樣。我們談論這家公司的方式已完全不同以往，我們對它的感覺當然也完全變樣。我們不會拿它和 Google 等現今任何足以改變產業的公司相提並論。就像一長列滿載貨物的火車忽然緊急煞車，在完全停下來之前，還是會繼續跑上好幾里路，但這只是單純的物理作用。美國線上的規模頂多只能讓它再撐一下，如果沒有讓人信服的使命或目標，頂多只是空殼，最後可能只有被拆解、分批標售（例如技術或顧客資源等）的下場。想想美國線上過去是多麼具有感召力的公司，真是令人感嘆。

成功的創業家會深深懷念從前的日子，這點並不令人意外；大企業常談起要「回歸根本」，也絕非巧合。他們所嚮往的，都是岔路出現之前的情景。他們確實需要回到行動完全符合初衷的日子。如果繼續走在不惜傷害為什麼、一心只顧做什麼的岔路上，只顧增加音量、不管訊息是否清晰，那他們是否能繼續發展、感召眾人，絕對值得擔憂。沃爾瑪、微軟、星巴克、Gap、戴爾，以及許許多多曾經領頭的企業，全都面臨岔路的考驗。如果不能重拾自己的為什麼、讓組織內外再度受到感召，最終恐怕也會步上美國線上的後塵。

## 用什麼指標，就會得到什麼結果

大一的秋天，哈布莉姬（Christina Harbridge）決定找一份兼差。因為對古董很有興趣，她回應了一位「收藏家」徵求行政助理的廣告。哈布莉姬很快發現，原來自己找到的是加州沙加緬度（Sacramento）的一家「討債公司」（collector，與「收藏家」同字）負責檔案管理的工作。即使決定接下工作，她當時其實不太了解討債公司是做什麼的。

討債公司有一間很大的辦公室，裡面放了好幾十張工作桌，每張工作桌上有一支電話。每位電話討債員手上都拿著一張長長的名單，負責根據上面列著的欠錢個人及企業，逐一打電話催討欠款。工作桌的擺設方式讓每個人都毫無隱私，每個人都聽得到其他人的電話內容。哈布莉姬立刻被那些電話討債員刻薄的講話方式給嚇到。「他們窮追猛打，根本就是在恐嚇對方，」她說。「他們會不擇手段，就是要從對方口中逼出所有相關的資訊。」

哈布莉姬發現，老闆和同事私底下其實都是很善良的人。他們會伸手幫助彼此、傾聽同事的問題，甚至捐錢濟助一個無家可歸的家庭、利用假日去幫他們的忙。但只要一拿起電話開始討債，同樣的一批人卻變得粗魯，甚至惡劣。他們不是生性如此，而是公司的獎勵制度把他們變成這個樣子。

他們這種激進的行為模式其實事出有因。知名銷售訓練專家戴理（Jack Daly）有一句名言：「有什麼指標，就得什麼結果」（What gets measured gets done）。在討債這個行業，討債員的獎金是根據成功催收的金額來計算。這種獎勵方式造就了充斥著恐嚇、死纏爛打、嗜血、挑釁行為的行業。沒多久，哈布莉姬發現，只要面對債務人，她也開始出現這種張牙舞爪的態度。「打電話給債權人時，我的說話方式竟然變得和其他人一模一樣，」她說。

哈布莉姬覺得自己的行為已經與自己的為什麼完全失衡，她覺得一定還有其他的方法。「我開始想要自己開一家以和善方式追債的公司」她說。同行認為哈布莉姬要不是瘋了，就是太天真。或許她確實比較天真。

1993年，哈布莉姬搬到舊金山，成立了橋港財務公司（Bridgeport Financial）。她相信，討債公司如果能以尊重的態度對待債務人，成果會比威脅恐嚇好得多。哈布莉姬根據自己的為什麼（每個欠款人都有一段辛酸故事，理應有人聆聽）而創立了自己的公司。她要求同仁必須在三分鐘之內，與電話另一端的債務人建立起友善的關係，以便盡可能地掌握對方的處境：他們有償債能力嗎？他們是否可能遵守一套償債計畫？他們是因為某種短期原因而未能按原訂計畫還債嗎？「我們有能力讓債務人對我們說實話，」她說。「當然我們也有法務部門，但我們希望盡量避免動用到他們。」然而，哈布莉姬也知道，無論她的用心多麼良善，如果她也採用和同業一樣的績效評量方式，惡劣的行為模式一樣會出現。因此，她想出了一個全新的方式來激勵同仁。她找到了一種評量為什麼的方法。

在橋港財務，獎金不是按收回欠款的金額來決定，而是看催款人員寄出多少「感謝卡」來分發。這件事情說來容易，做起來很困難。要能寄出卡片感謝欠款人願意花時間跟你講電話，需要先做到幾件事：第一，哈布莉姬必須先找到有共同信念的員工。她必須找到「合適」的人。如果她的同仁並不認同每個人的心聲都應該被聆聽，這件事就不可能行得通。只有真正合適的人才有可能在電話上創造出一種氛圍，讓自己可以在事後誠心地寄出一張感謝卡，即便這通電話最初的目的是為了討債。哈布莉姬衡量的是她的公司為什麼而存在，而非她們是做什麼的。她也因此創造出了一種同情心遠高於一切的企業文化。

但其他的結果呢？她的公司在企業最重要的目標上，得到了什麼結果呢？橋港財務成功回收欠款的金額，比同行的平均值高出三倍多。不僅如此，哈布莉姬的顧客，無論是個人或公司，竟然多數都決定回頭去找原先委託她繼續做生意。這幾乎是討債業前所未見的情況。

哈布莉姬的事業之所以成功，不僅是因為她很清楚自己為什麼要做自己所做的事，同時也是因為她找出了評量這個為什麼的方法。她的公司極為成功，她的為什麼也清晰無比。她從為什麼開始，其它事情也就自然跟著發生。

今天，多數組織都以一些明確的指標來衡量自己在做什麼上所獲得的成果，通常都是金錢性的指標。不幸的是，我們通常沒有好的指標來確定自己的做什麼也有一定的清晰度。過去十年，霍諾（Dwayne Honore）一直在路易斯安那州首府巴頓魯治（Baton Rouge）經營自己的營造公司。霍諾是一位理念清晰的領導者，多年前，他發展出一套聰明的制度來確保自己的價值觀在企業文化中不斷獲得強化。他想到一種可以衡量許多人只能口頭說說的理念：工作與生活的平衡發展。霍諾相信人不應該將所有的時間都花在工作上，而是應該努力工作，爭取更多的時間與家人相處。

霍諾營造的員工每天上下班都必須打卡。差別是，他們必須在每天早上八點到八點半之間打卡上班，在下午五點到五點半之間準時打卡下班。只要加班，就會被踢出獎金名單。由於員工知道自己一定要在五點半以前離開公司，沒人願意浪費任何一點時間。霍諾營造的生產力超高，而員工離職率則極低。讓我們想想，自己每次在休假日前一天的工作效率有多高。現在，請把自己的每一天都想像成休假日的前一天。這就是霍諾想出來的方法。因為他為自己所重視的價值觀找出了衡量的方式，因此這種價值觀也受到所有人的重視。更重要的是，因為霍諾的行動通過了芹菜測試，因此別人都能清楚「看出」他的信念。

以金錢來衡量自己賣出多少產品、提供多少服務，絕對是正當而合理的方式，但它卻無法顯示出你提供的「價值」。一個人錢賺得多，並不表示他所提供的價值就更多。相同的，只因為一個人錢賺得比較少，也不代表他提供的價值也較少。光是計算賣出多少產品、提供多少服務，並不能反映你提供的價值。價值是一種感覺，無法量化。它是一種感受。你當然可以認為，功能較多、價錢較低的產品，價值相對也較高。但問題要，這是根據誰的標準來衡量？

## 一樣的產品，差在品牌價值

我叔叔以前是做網球拍的。他的網球拍和某大品牌的球拍都是出自同一家工廠，是用相同材料、相同的機器製造出來的產品。唯一的差別是，我叔叔的球拍在離開生產線之前，沒有打上知名品牌的商標。大賣場裡，我叔叔的球拍就放在那個知名品牌的旁邊，而且價錢還比較低。每個月，那個知名品牌的球拍都比我叔叔的球拍賣得好。為什麼會這樣？這是因為一般人都「覺得」知名品牌的球拍價值較高，因此並不介意為這種感覺多付一點錢。單純就理性觀點來看，我叔叔的球拍顯然比較物超所值，但同樣的，價值是一種認知，無法量化。這就是為什麼企業會那麼重視品牌的原因。但和所有其他可以創造「價值認知」的有形因素一樣，一個有力的品牌必然來自清晰的為什麼。

如果擴音喇叭外面的人認同你的為什麼，而且你以能以自己的一切行動來證明自己的信念，信任就會產生、價值就會出現。當這種情況發生時，忠誠的顧客為了得到那種價值感，就會努力為自己多付出去的錢或必須忍受的不便找理由。對他們而言，這些時間與金錢上的犧牲都是值得的。他們會試著解釋，他們心中的價值感是來自產品的品質或功能，或任何較為顯而易見的因素。但事實絕非如此。那些都是外部因素，而他們的感覺完全來自內在。當大家可以清楚說出一家公司的價值與信念，而且形容的用語與價格、品質、服務、功能都無關時，就足以證明這家公司成功通過了岔路。當大家會用像是「愛」這種發自肺腑、充滿熱情的字眼來形容自己所感受到的價值時，也證明這家公司的為什麼絕對清晰無比。

## 好的接班計畫，能深化企業的為什麼

2008 年 6 月，比爾．蓋茲正式發表自己的離職聲明時，忘了加上五個字。他可能完全沒想到自己會需要這五個字：「我會再回來。」

雖然蓋茲在 2000 年就將微軟執行長的位子交給了鮑爾默，讓自己有更多時間與精力投入蓋茲基金會，但他還是在微軟總部為自己保留了某些角色，同時也會不時在公司裡露面。蓋茲一直計畫要完全交棒，但就和許多企業創辦人一樣，他忘了做一件事，因此他的接班計畫一直未能完全實現。這項疏忽有可能會對微軟帶來極大的傷害，甚至可能讓他有一天必須重返微軟，重掌這艘自己一手打造出來的航空母艦。

比爾．蓋茲非常特別，不僅是因為他聰明過人或是他的管理風格。雖然這兩點也非常重要，但光靠聰明與管理能力不可能從無到有，打造出一家六百億美元的超大企業。就像所有眼光遠大的領導者，蓋茲之所以特別，是因為他完全體現了自己的信念。他就是微軟理念的化身。正因如此，他就像一座燈塔，提醒著每個人他們為什麼會來微軟工作。

1975 年，當蓋茲與艾倫共同創立微軟的時候，他心中有一個崇高的信念：如果你能為人提供正確的工具、提升他們的生產力，那麼每一個人無論背景出身，都可以擁有發揮最大潛能的機會。他的願景是：「每一張桌子、每一個家庭都有一台個人電腦」。對於一家根本不生產電腦的公司而言，這樣的願景更值得欽佩。他認為，電腦是最佳的平衡器，能讓每個人都擁有平等的機會。Windows 是微軟最成功的一項產品，它讓每個人都能運用電腦這項最有威力的科技。Word、Excel 以及 PowerPoint 等軟體工具讓每個人都能享受到電腦科技的好處，讓自己變得更有效率、更有生產力。舉例來說，小公司因此也能和大企業一樣，充分享受到高科技的便利。微軟發展的軟體讓蓋茲得以實踐自己的信念，為「每一個人賦能」。

毫無疑問，微軟為世界帶來的改變遠大於蘋果。雖然我們都非常欽佩蘋果的創新力，蘋果確實也改變了好幾個重要產業的商業模式，但真正讓個人電腦的普及率一日千里的，卻是微軟。是蓋茲在每個人的桌上擺了一台電腦，因而改變了世界。身為微軟為什麼的化身，這位讓每一個人發揮驚人潛力的領導者一旦離開，微軟將會如何？

蓋茲一向認為，以他在微軟扮演的角色，他實在不應該獲得這麼多關注，當然他的身價也是受關注的原因之一。就像所有優秀的領導者，他知道自己的責任只是推動理念，真正讓理念落實、實際執行任務的，都是其他人。如果金恩博士當年只是率領五位民權領導者一起跨越阿拉巴馬州賽爾馬（Selma）市郊的艾德蒙・佩特斯橋（Edmund Pettus Bridge），他絕不可能改變美國。真正啟動改變的是跟在他們身後的廣大群眾。蓋茲知道，世界需要真正的變革，但他忘了一件事，任何運動（無論是社會運動或商業運動）要成功，都需要一位領導者走在前面、高舉願景、不斷提醒大家為什麼他們應該站出來。雖然要從賽爾馬遊行到到阿拉巴馬的首府蒙哥馬利（Montgomery），金恩博士絕對必須越過那座橋，但真正重要的是跨越那座橋所代表的意義。企業界也一樣，利潤、股東權益當然都是重要而合理的目標，但它們並不能感召同仁每天努力工作。

雖然微軟多年前就面臨岔路，從希望改變世界的公司，變成普通的軟體公司，但只要蓋茲還扮演著某種角色，至少微軟還可以模糊地記得自己到底為什麼而存在。一旦蓋茲完全離開，微軟將面臨不再有完整體系來衡量或宣揚自己的為什麼，這個問題日後將為微軟帶來嚴重的影響。

## 差點失去靈魂的蘋果

和蓋茲離開微軟同樣的情況並不是沒發生過。許多企業都經歷過擁有崇高願景的領導者必須離開的情形。賈伯斯就是他掀起的革命化身，同時也是蘋果的為什麼最強而有力的代言人。1985 年，在一場腥風血雨的鬥爭中，當時的蘋果總裁史考利（John Sculley）及蘋果董事會成功趕走了賈伯斯。這件事為蘋果帶來了極為慘烈的後果。

史考利是賈伯斯在 1983 年親自網羅到蘋果的人，他絕對是戰功彪炳的企業主管。他完全知道一位主管應該做什麼以及怎麼做。史考利在百事可樂快速竄升，許多人認為他是當時最有才華的行銷主管之一。他以著名的「百事挑戰」（the Pepsi Challenge）系列廣告一戰成名，讓百事可樂首次超越可口可樂。問題是，史考利完全不適合蘋果。他把蘋果當成一家普通公司在經營，完全沒有在推動一個願景。

這麼不合適的人怎麼會進入蘋果？這個問題非常值得討論，因為他是在操弄之下加入蘋果的。史考利並沒有主動找上賈伯斯、要求加入蘋果的革命行列。當我們了解事情真正的經過之後，就知道這種後果幾乎完全可以預料。賈伯斯知道自己需要幫手，他知道自己需要一個怎麼做型的人，來幫助他落實自己的願景。他主動找上史考利這位資歷傲人的主管，問他：「你希望一輩子賣糖水，還是想要改變世界？」賈伯斯利用了史考利的自負、自我期許及恐懼心理，他執行了一項完美的操弄。但也正是因為操弄，賈伯斯在不久之後被趕出自己的公司。

賈伯斯留下的影響力讓蘋果繼續過了幾年好日子，因為企業界開始大量採購麥金塔電腦，而軟體開發商也繼續為蘋果開發新軟體。但蘋果的後繼無力只是早晚的事。蘋果不再是從前的蘋果，它走上了岔路，而且完全沒有察覺。蘋果的為什麼愈來愈模糊、感召力消磨殆盡。

蘋果只剩一位負責運作的資深主管，卻沒有人負責領導願景與信念。蘋果的新產品「少了革命性、多了演化性」，《財星》雜誌指出，「有些人甚至認為他們的產品變得了無新意」。厭倦了蘋果的「右腦」思考，史考利一再重組蘋果，希望找回蘋果「顯然已經失去」的東西。他引進一批新主管來協助他。但他們把重心全都放在怎麼做，完全不知道蘋果最需要解決的，其實是為何而戰的問題。蘋果的士氣蕩然無存。

一直到賈伯斯於 1997 重返蘋果，公司內外才重新想起蘋果到底是為什麼而存在。重新對焦後，蘋果也迅速重拾創新以及「不同凡想」的能力，而且再一次重新定義了個人電腦產業。賈伯斯重返擴音喇叭的頂端，蘋果也重建了挑戰現狀、強化個人力量的企業文化。所有決策都經過為什麼的過濾，結果當然是成功反敗為勝。就像大多數深具感召力的領導者，賈伯斯相信自己的直覺，而非一味聽從外界的建議。他因為不肯進入大眾市場而飽受批評，例如他一直不允許別人製造麥金塔相容機（clone）。他絕不可能這麼做，因為那就違背他的信念。它們沒法通過芹菜測試。

## 接班最重要的，是傳承初衷

許多領導者都是公司信念的化身，他們離開時，若沒有清楚說明公司當初成立的初衷，接班人就沒有任何理念可以繼承。新的 CEO 上台後，只能專注於企業的經營及做什麼，而非最重要的為什麼。更糟的情況是，他們可能會開始推動自己的願景，完全不考慮當初大家會愛上這家公司的根本原因。碰到這種情形，新的領導者甚至會在無意識的情況下持續對抗原來的企業文化，而非繼續推動原有的理念或將它發揚光大。最後造成的結果就是士氣低落、人員流失、績效不彰，漸漸衍生出缺乏信任、自求多福的文化。

戴爾電腦就是這種情況。麥可．戴爾（Michael Dell）創辦戴爾電腦時也是胸懷理想。一開始他就認定提升生產效率是讓更多人能享受電腦科技的重要途徑。不幸的是，連他自己也逐漸遺忘這個信念，因而未能在 2004 年 7 月離開執行長位子之前，與公司上下及繼任者好好溝通自己原本的初衷。不到三年，他就因為公司開始走下坡（包括客服品質下滑）而不得不回鍋。

戴爾意識到，當自己不再親自帶領同仁，幫助大家將注意力放在公司成立的初衷時，公司就開始專注於做什麼，完全忘了為什麼。「大家開始只重視短期目標，優先順序完全轉移到能創造短期利益的事情。這就是公司出問題的主因，」戴爾在

2007年9月接受《紐約時報》採訪時指出。2003年到2006年間，戴爾電腦的管理幾乎完全失序，一些主管為了符合公司訂的目標，甚至被迫在獲利報告上作假。這就是只顧業績壓力會帶來的災難，企業文化完全受到扭曲。同時，戴爾電腦也錯失了許多重要的市場趨勢，包括個人用戶市場的興起，同時也失去了供應鍊方面的競爭優勢。2006年，惠普一舉超越戴爾，成為個人電腦最大品牌。戴爾碰到了岔路，沒有找出公司為何走下坡的原因。

## 質感走味的第三空間

星巴克是另一個例子。2000年，舒茲（Howard Schultz）辭去星巴克執行長的職務。結果，每周有五千萬顧客上門的星巴克竟業績竟然開始下滑，這可是星巴克史上頭一遭。

仔細觀察星巴克的歷史，我們會發現，星巴克的崛起絕不是因為他們的咖啡比別人好喝，而是因為他們提供的顧客體驗。星巴克三位創辦人在西雅圖賣了十年咖啡豆之後，在1982年將執行長職務交給舒茲，而顧客體驗正是他為星巴克帶來的新理念。早年，星巴克的重心完全放在咖啡本身。舒茲感到十分挫折，因為他覺得三位創辦人完全沒看到公司真正的願景。他決定帶領星巴克走上一條全新的路，打造出今天大家熟悉的星巴克王國。舒茲熱愛義大利的咖啡館文化。他的願景是打造出一個介於工作場所與家庭之間的「第三空間」（the third place）。這個理念讓星巴克隻手打造出美國的咖啡館文化。在那之前，咖啡館文化只有在大學校園裡才看得到。

直到這時，星巴克才有屬於自己的獨特意義。它反映了一種看待世界的基本信念。這才是大家熱愛星巴克的原因，而不是他們的咖啡。而它也因此而深具感召力。但星巴克也和許多企業一樣，碰到了無可避免的岔路。他們也開始忽略創業的初衷，轉而將注意力放在產品與業績上。剛開始，星巴克為大家提供陶製的咖啡杯來品嚐咖啡，丹麥捲也放是在陶盤裡端上桌。這兩項細節具體展現了星巴克的理念，讓他們成為工作場所與家庭之間最完美的第三空間。但陶瓷杯盤的價格及維護成本較高，於是星巴克轉而使用經濟實惠的紙杯、紙盤。這項做法雖然讓成本降低，代價卻很高，因為與顧客之間的信任關係遭到破壞。要暗示顧客說：「我們很愛你，但請速戰速決」，恐怕沒有任何東西比紙杯更有效了。他們展現出的不再是「第三空間」的理念，一切又回到了咖啡。星巴克的為什麼模糊了。當身為星巴克理念化身的舒茲還擔任執行長時，這種崇高的願景還得以維繫。但當他於 2000 年轉任董事長之後，情況迅速惡化。

星巴克曾在短短十年內從不到一千家店，迅速擴展到一萬三千家。但經過八年、換過兩任執行長之後，星巴克卻因擴充過速而出現危險，同時還得應付麥當勞、Dunkin' Donuts，以及一些沒預料到的競爭對手威脅。舒茲重返星巴克前幾個月，曾寫了一張如今被廣傳的便條給當時的執行長唐諾（Jim Donald），請唐諾務必「進行所有必要的變革，重建星巴克的傳統、喚醒所有人對星巴克經驗曾有過的熱情。」星巴克陷入困境的原因並不是擴張過速，而是因為舒茲先前未能將自己的為什麼放進整個組織，讓大家能在執行長離開後繼續守護、發揚光大。2008 年初，舒茲決定指派另一位更能將公司帶回正軌的領導者：他自己。

## 完美的接班人選

我們提到的領導者中，沒有一位在管理上天賦異　。賈伯斯的偏執人盡皆知，蓋茲非常不善交際。他們的企業員工成千上萬，不可能靠一己之力主導所有事情。他們必須靠管理團隊的智慧與能力來幫助他們建立起擴音喇叭。他們必須仰賴與他們擁有相同理念的人。但他們有一個不是所有 CEO 都具備的共通點：他們自己就是理念的化身，具體展現著公司為什麼存在的核心價值。他們的存在不斷提醒著所有的主管及員工，大家每天來工作的根本原因。簡言之，他們有感召力。然而，和蓋茲一樣，這些精神領導者很少能將自己的理念化為清晰的語言，在自己離開後，繼續凝聚眾人堅守理想。由於未能將自己帶頭的運動化為具體的語言或文字，這些領導者成了唯一能夠領導運動的人。但在賈伯斯、戴爾、舒茲再度離開之後，這些公司又該怎麼辦？

無論規模大小，成功永遠是企業最大的挑戰。隨著微軟的成長，蓋茲也不再談論自己想要改變世界的信念，而開始談論公司正在做些什麼。因此，微軟也變了。因為相信讓每個人都變得更有生產力，人人就都有機會發揮出個人最大潛能而創立的公司，很有可能成為普通的軟體公司。這種微妙的改變足以影響所有員工的行為及決策，也會影響公司為未來所做的組織規劃。雖然微軟改變了，但因身為公司理念化身的蓋茲還在，仍能繼續感召微軟同仁，因此這種轉變對微軟的影響一直沒有顯著地展露出來。

創辦微軟只是蓋茲為了實踐自己的理念所做的事情之一，微軟只是他的做什麼之一。現在，他又開始了另一項能實踐自己生命理念的事情：運用蓋茲基金會來幫助世界各地的人，讓他們也能有機會克服環境的阻礙、充分發揮最大潛能。唯一的差別是，他的工具不再是軟體。鮑爾默非常聰明幹練，但他無法成為蓋茲願景的代言人。他的形象就是重視數字、競爭、市場的優秀資深主管。他在管理做什麼上，顯然非常稱職。但正如蘋果的史考利、星巴克的唐諾及戴爾的羅林斯（Kevin Rollins），這些人都承接了企業創辦人留下的位子，然而他們或許可以成為願景大師身邊最得力的助手，但他們會是接班的完美人選嗎？

這些公司的企業文化都圍繞著創辦人的願景而成形。這種企業唯一行得通的接班計畫，就是找到一位完全認同原有企業理念，同時又願意繼續引領這個運動的CEO，而非一個想要以自身理念取代原有願景的人。鮑爾默或許知道如何凝聚人心，但他也有感召力嗎？

成功的接班計畫不只是找到能力適合的人。你要找的是能遵循公司創始理念的人。優秀的第一位、第二位接班人的任務，並不是推動自己對未來的願景，而是掌起創辦人手中的大旗，帶領公司進入下一個階段。這就是為什麼我們稱他們為「接班人」，而非「替代者」的原因，願景是有延續性的。

西南航空的接班計畫會成功，就是因為創辦人的理念深植於企業文化之中，而從凱勒赫手中接棒的執行長又能繼續落實這些理念。普特南（Howard Putnam）是繼凱勒赫之後，西南航空的新任總裁。雖然航空是他的本行，但普特南雀屏中選並不是因為他的資歷，而是因為他是「合適」的繼任人選。普特南記得很清楚當年他與凱勒赫初次面談的情景。普特南坐上椅子時，發現凱勒赫竟然在桌子下脫鞋子。更有趣的是，凱勒赫的襪子竟然還破了一個洞。就在這一刻，普特南就知道，自己非常適合這個工作。他發現凱勒赫就是個「一般人」，而他非常喜歡這種個性，因為他自己的襪子上也有破洞。

雖然普特南覺得自己很適合西南航空，但我們怎麼知道他是合適的接班人？我有機會與普特南共處半日，與他對話。談話到一半，我建議休息一下，到星巴克喝杯咖啡。他大聲反對。「我才不要去星巴克！」他說。「我才不要花五塊美金喝一杯咖啡。還有那個叫星冰樂的東西，究竟是什麼玩意兒嘛！」那一刻，我才發現普特南真的是西南航空繼任者的不二人選。他就是個普通人，一個會到連鎖甜甜圈店買便宜咖啡的普通人。他是從凱勒赫手上接下聖火、繼續往前衝的最佳人選。西南航空的精神感召了他。在普特南的案例裡，我們發現凱勒赫找到了一個真正願意體現西南航空的理念，而非想要另創願景的人。

今天，西南航空的企業文化之深厚，最佳人選幾乎會自動浮現。2001 年接任總裁的芭瑞特（Colleen Barrett）就是另一例。她在凱勒赫的律師事務所擔任他的祕書長達三十年。2001 年，西南航空擁有將近三萬員工及 344 架飛機。芭瑞特說，當她接手時，經營西南航空基本上已經是一種「團隊運作」。凱勒赫不再插手公司的日常運作，但他為西南航空留下了堅實的企業文化，因此他是否天天現身，已不再重要。凱勒赫的事蹟已經可以取代他本人。他的事蹟正幫助西南航空繼續推動原有的企業理念。芭瑞特大方承認，自己並不是最聰明的企業主管。她顯然太謙虛了。但身為西南航空的領導者，天資聰穎並非最重要的條件。她的責任是堅守創業理念、擔任企業願景及價值觀的代言人、時時提醒大家「為何而戰」。

幸運的是，我們很容易就可以判斷接班人是否稱職，只要運用芹菜測試，看看公司的行為是否仍然符合創立的初衷。如果我們不能很輕易地從一家企業的產品、服務、行銷及公關活動看出它的為什麼，最可能的情況是，他們也不知道自己的信念為何。如果他們很清楚，我們也會知道。

## 一旦失去為什麼，就只剩下做什麼

1992年4月5日早上8點左右，沃爾瑪失去了它的為什麼。那一天，沃爾瑪的精神領導者，也就是以自己的理念打造出全球零售業龍頭的威頓，因骨癌與世長辭。不久之後，接任董事長的長子羅布森．威頓（S. Robson Walton）對外發表聲明指出，「威頓的企業方向、管理和政策都不會有任何改變。」不幸的是，對威頓的員工、顧客和股東而言，後來的情況並非如此。

山姆．威頓是個不折不扣的「普通人」。雖然他在1985年就被《富比世》雜誌（Forbes）列為美國首富，而且自此一直保有這個頭銜，但他從來不明白，為什麼別人會把金錢看得那麼重要。當然，威頓是長於競爭的人，而金錢則是成功的重要指標，但那並不是威頓或從前在沃爾瑪工作的人成就感的來源。威頓看重的是「人」。

威頓深信「照顧別人，別人就會照顧你」，而他和沃爾瑪的一言一行都在實踐這個信念。比方說，為了讓週末上班的員工感到公平，威頓早年堅持自己週六一定上班。他記得員工的生日，甚至知道某位收銀員的母親剛剛動了膽囊手術。有些主管曾因座車太過豪華而被他斥責，而他自己也曾一再抗拒使用企業專機。如果一般美國人無法享受這些東西，身為普羅大眾的代言人，他當然也不應該享受。

威頓在世時，沃爾瑪從來沒有走上岔路，因為他從來沒有忘記自己的為什麼。「我簡直不敢相信，我在理髮店理個頭髮也能上新聞。不上理髮店，我還能去哪裡理髮？」他說。「大家問我為什麼要開小貨卡？不開小貨卡，我的狗要坐哪裡？勞斯萊斯裡？」總是一件傳統毛呢外套、一頂棒球帽的威頓，完全就是他所希望服務的人——一個普通的美國大眾。

威頓成功打造了一家深受員工、顧客、社區愛戴的公司，但他只犯了一個重大的錯誤，他沒有將自己的理念清楚地訴諸文字，讓別人能在他死後繼續將這個願景發揚光大。但這也不全是他的錯。人類大腦裡控制為什麼的區域，並不同時控制語言。因此和許多人一樣，威頓最多只能說清楚要怎麼做才能落實自己的理念。他談到應該製造便宜的商品，讓一般美國的家庭都能負擔得起。他談過沃爾瑪應該到郊區去開店，讓美國的藍領階級不必大老遠開車進城採買。這些做法都極有道理。他的決策都通過了芹菜測試。然而，沃爾瑪為什麼而存在，卻未能真正形諸語言或文字。

一直到過世前不久，威頓才停止參與公司運作，因為健康狀況已經不容許他這麼做。就像所有由創辦人當家的組織，威頓的存在可以讓大家鮮明地看到公司的為什麼，他的參與也會提醒每個人自己每天為何而戰。他可以感召身邊的人。正如蘋果只能藉賈伯斯的影響力，在他被趕出公司後撐個幾年，後來還是爆出危機，沃爾瑪也只能靠威頓和他的理念殘留的餘溫撐一下。隨著威頓的為什麼愈來愈模糊，公司必然出現新的激勵因素，卻是威頓最不以為然的一種驅力：金錢。

為什麼型的辛尼格（Jim. Sinegal）和怎麼做型的布羅特曼（Jeffrey Brotman）於 1983 年共同創立好市多量販店（Costco）。和威頓一樣，辛尼格也是從普萊斯身上學到折扣零售業的概念。他也和威頓一樣，相信企業應該以人為本。在接受美國廣播公司（ABC）新聞節目 20/20 專訪時，辛尼格曾說，「我們將稱成為一家沒有階級隔閡、所有人都可以彼此直呼其名的公司。」就像所有深具感召力的企業，好市多相信公司必須先照顧好員工。好市多的員工薪資一向比沃爾瑪所屬的量販店山姆俱樂部（Sam's club）高出 40%，公司福利也超越同業，比方說，90%以上的同仁都能享受公司提供的健康保險。結果是，好市多的員工流動率一直都只有山姆俱樂部的五分之一。

就像所有以信念為基礎建立的企業，好市多一向靠自己的擴音喇叭推動公司的成長。他們沒有公關部門，也從不花錢打廣告。他們單靠「擴散法則」來傳遞公司理念。「這就好像你有十二萬名忠心耿耿的親善大使，每天不斷向外人說你的好話，」辛尼格自豪地說。他相信員工的信任與忠誠度，價值遠高於廣告及公關。

多年來，華爾街分析師一直批評好市多的經營策略，因為他們老是花大錢在員工身上，而非致力降低成本，以提高獲利率及股東權益。華爾街顯然希望好市多能多花點精神在做什麼上，而非為什麼。一位德意志銀行的分析師告訴《財星》雜誌，「好市多依然是一家比較喜歡照顧會員及員工，而非股東的公司。」

所幸，辛尼格比較相信自己的直覺，而非華爾街分析師。「華爾街重視的是下週二之前能獲利了結，」他在 20/20 的專訪中說，「而我們重視的則是打造能屹立五十年的企業。為員工提供較好的薪資、留住人才當然才是長久之道。」

這種獨到的眼光不僅顯示辛尼格是深具感召力的領導者，事實上，他做的每件事、說的每句話也都呼應威頓的信念。沃爾瑪能夠成為這麼大的企業，所做的事情也都是專注於為什麼、確保自己的做什麼能完全證明自己所持守的信念。金錢從來不是目標，金錢只是結果。但在 1992 年的那個 4 月，沃爾瑪失去了他們的為什麼。

威頓過世後，沃爾瑪一再以維護股東權益為名，剝削員工、惡待顧客，因而引發一樁接一樁的醜聞。他們的為什麼幾乎完全消失，因此即使他們做了一些好事，卻少有人真正相信他們。比方說，沃爾瑪是首先宣布環保方針的企業之一，他們的目標是減廢、鼓勵回收及再利用。但因批評者對沃爾瑪的動機有懷疑，多半將他們的做法看成是耍手段。「多年來，沃爾瑪一直想要改善形象、降低自己對環境的影響，」《紐約時報》在2008年10月28日的一篇網路專欄文章中寫道。「雖然它一再宣示要降低商品製造的社會成本及環境成本，但它所販賣的依舊是消費主義。」

相較之下，好市多宣布環保政策的時機比沃爾瑪晚，受到的重視卻大得多。造成這種差別的原因是，當好市多這麼做時，大家相信它。當大家清楚你的為什麼時，他們就會樂意相信、肯定你做的每一件符合自身理念的事情。當大家不清楚你的為什麼時，你做的事根本沒有脈絡可尋。由於不了解你的為什麼，即使你做的事情及決策都是對的，大家也很難賦予對的意義。

最後的結果如何？由於大家對威頓的記憶猶存，沃爾瑪的企業文化依然維繫了一段時間。威頓過世後的前面幾年，沃爾瑪與好市多的股價表現一直相去不遠。但隨著沃爾瑪逐漸走入「後威頓時代」及「走岔路之後的時代」，而好市多的為什麼卻依然清晰，兩家公司的股價變動出現極大的差異。如果你在威頓過世那一天買進一張沃爾瑪的股票，在本書寫作之時，你將擁有300％的獲利。但若你當天買進的是好市多的股票，你的獲利將達到800％。

好市多的優勢在於，公司的理念化身辛尼格仍在。他的一言一行都能提醒身邊的人公司為何存在。為了忠於自己的理念，辛尼格給自己的年薪是四十三萬美元，以好市多的企業規模來說，這份薪水實在不多。在沃爾瑪的高峰期，威頓每年領的薪水也從未超過三十五萬美元，也同樣與他的理念相符。跟隨威頓多年、接下沃爾瑪執行長職務的格拉斯（David Glass）曾說：「近年來，許多浮誇不實的企業及坐擁高薪的 CEO，行徑實在令我失望。這些人坐在金字塔的頂端巧取豪奪，一心只顧自己利益、不管別人死活。這是當今美國企業界最嚴重的問題之一。」

格拉斯之後，另外三位執行長一路接下威頓當年點燃的聖火。但每傳遞一次，這把火，也就是沃爾瑪原來那種清晰的願景與目標，就變得更微弱一些。如今，沃爾瑪的希望完全寄託在 2009 年接下執行長一職的杜克（Michael T. Duke）身上。杜克的目標是重新釐清威頓的為什麼、重回沃爾瑪的往日榮光。

為了達成這個偉大的目標，他所做的第一件事情卻是送自己一份高達 543 萬美元的年薪。

PART VI

# 發現你的為什麼

13

# 為什麼從何而來

一切都開始於越戰時期的北加州。當時，反政府、反權威的浪潮正風起雲湧。兩位年輕人以政府及企業為敵，不只因為它們規模龐大，而是因為它們壓抑了個人精神。他們想像一個個人擁有充分發言權的世界。他們想像著一個個人可以成功抗衡、挑戰既有權威、既得利益、傳統思維的時代。他們喜歡與和自己有相同理念的嬉皮混在一起，但他們也認為，改變世界另有他法，不一定需要激烈抗議、以挑釁法律的方式來改變世界。

史帝夫・沃茲尼克和史帝夫・賈伯斯就成長於這個風起雲湧的年代。當時的北加州不但掀起社會革命狂潮，也是電腦革命的起源地。兩位史帝夫在電腦科技中看到了掀起另一種革命的機會。「蘋果為個人賦予與原先只有企業才能擁有的力量，」沃茲尼克指出。「有史以來第一次，個人可以開始與企業抗衡，因為他也擁有了使用電腦科技的能力。」沃茲尼克發明了蘋果一號及蘋果二號，讓它們簡單到每個人都可以輕易運用科技的力量。賈伯斯則精於行銷。蘋果電腦於是誕生。蘋果電腦是一家有強烈信念的公司：為個人賦予力量，抵抗既有權威，讓夢想家、理想主義者得以成功挑戰現狀及既得利益。然而，兩人的理念，也就是他們的為什麼，早在蘋果誕生之前就已存在。

1971 年，兩位史蒂夫在沃茲尼克的柏克萊大學宿舍裡開始製造他們口中的藍盒子（Blue Box）。這個小小的裝置可以駭入電話公司系統，讓人可以免費打長途電話。當時蘋果電腦根本還未成立，但賈伯斯和沃茲尼克已經開始在挑戰「老大哥」。在這個例子裡，老大哥就是在美國擁有壟斷地位的電信巨人「美國電話電報公司」（AT&T）。技術上而言，藍盒子並不合法。對刻意違法並沒有多大興趣，賈伯斯和沃茲尼克自己從來沒有使用過自己的小發明。但他們很喜歡為別人提供那種不必再隨惡勢力的規則玩遊戲的能力。未來，這個理念將在蘋果的歷史上一再重演。

1976 年 4 月 1 日，他們就重演了這個模式。他們決定挑戰電腦業巨頭，而其中最重要的當然就是藍色巨人 IBM。蘋果出現之前，使用電腦仍然必須使用打孔卡（punch cards），對設在遠端電腦中心裡的巨大主機下指令。IBM 認為，電腦新科技的目標對象應該是企業，跟蘋果希望為個人提供可與企業抗衡的工具不一樣。然而，蘋果電腦的使命清晰、紀律驚人，他們的成功簡直就是擴散定律的典範。創業第一年，蘋果就賣出百萬美元的個人電腦，對象就是與他們擁有相同理念的人。第二年，他們賣出了一千萬美元的產品。創業第三年，他們已經是營業額上億的公司。不到十年，他們就跨越了十億美元的門檻。

1984 年，蘋果推出了麥金塔電腦，還有那支在超級盃足球賽中放映的經典廣告〈1984〉。這支廣告由《銀翼殺手》（*Blade Runner*）等「地下經典」電影（Cult Classics）的大導演雷利・史考特（Ridley Scott）操刀。它也大幅改變了廣告業的發展。它是第一支所謂的「超級盃廣告」，開啟了往後每年以大預算、電影手法拍攝超級盃廣告的傳統。蘋果的麥金塔也改變了許多行業的傳統。它改變了當時多數個人電腦使用的微軟的 DOS 作業系統。麥金塔也是第一台使用圖形介面及滑鼠的大眾電腦，讓使用者得以簡單的「點選」取代輸入碼。諷刺的是，真正將蘋果的概念引進大眾市場的卻是蓋茲的 Windows 軟體，也就是蓋茲版的使用者圖形介面。蘋果點燃革命的能力以及微軟將概念普及到大眾市場的能力，都完美地詮釋了這兩家企業的為什麼，以及創辦人的基本信念。賈伯斯總是喜歡挑戰現狀，而蓋茲則永遠致力於科技普及。

蘋果繼續以相同的模式、不同的產品繼續挑戰現狀。後來的例子還包括 iPod 以及更重要的 iTunes。藉由這些科技創新，蘋果徹底挑戰了音樂產業的商業模式。音樂產業當時正手忙腳亂地想要保護自己的智慧財產權及過時的商業模式，甚至不惜以盜拷音樂的罪名將十三歲的孩子告上法院。這時，蘋果卻悄悄重新定義了線上音樂的市場。這個模式在蘋果推出 iPhone 時又再度重演。當時的市場規則是，手機功能及標準是由電信業者，而非手機製造商來制訂。也就是說，T-Mobile、威瑞森無線，以及史普陵特等電信業者會告訴摩托羅拉、LG，以及諾基亞，他們必須生產什麼樣的手機。蘋果徹底推翻了這個情況。當他們推出 iPhone，也宣告了未來將由蘋果來告訴電信業者，手機會有哪些功能。有趣的是，蘋果多年前以藍盒子來挑戰的對象，如今卻展現了典型的早期採用者行為——AT&T 是唯一同意接受這個新模式的電信業者。於是，一場新的革命又揭開序幕。

蘋果旺盛的創新力完全來自為什麼，而且除了賈伯斯缺席的那幾年，這種情況從未改變。緊抱傳統商業模式不放的產業恐怕要當心了，你們可能就是蘋果下一個革命的對象。如果蘋果的為什麼繼續不變，電視產業及電影業恐怕就是下一輪目標。

蘋果的革命能量與產業技術無關。所有的電腦及高科技公司面對的都是相同的人才與資源，也都有能力做出和蘋果一樣的產品。真正的差別是：兩位理想主義者多年前在加州庫珀蒂諾發展出來的願景、使命及信念。「我希望在宇宙留下刻痕，」賈伯斯說。那正是蘋果在許多產業創造的成就。蘋果起源於創辦人的為什麼。實踐理想的方法很多，而蘋果只是其中的一種。

賈伯斯的個人特質和蘋果的企業文化如出一轍。事實上，所有熱愛蘋果、深受它吸引的人，個性特質也都十分類似。一位蘋果員工和一位蘋果的顧客之間，並無太大差別。一個相信蘋果的為什麼，而決定為它效力，另一個則是相信它的為什麼，因而決定買它的產品。唯一的不同只是做的事情。忠誠的股東也一樣。他們買的東西或有不同，但購買、保持忠誠的原因卻完全一樣。蘋果的產品成為自我認同的一種象徵。蘋果外部的死忠顧客被稱為「蘋果的信徒」，蘋果內部的死忠員工則被稱為「賈伯斯的信徒」。他們所追隨的象徵符號不同，但他們對這種理念的熱情則完全一致。我們會用「信徒」這個名詞，是因為它隱含了強烈的熱情，它是非理性的、是所有信徒共同擁有的。這一點毫無疑問——賈伯斯、他的公司、他的死忠員工及死忠顧客都是為了挑戰現狀而存在。他們都熱愛大膽革命。

蘋果的為什麼雖然清晰無比，卻不代表大家都會被吸引。有些人喜歡，有些人不見得。有人熱愛蘋果，有人很討厭它。但無可否認的是：蘋果代表了一種意義。擴散法則顯示，擁有「創新者」心態的人只占全人口的2.5%。他們是一群相信自己直覺、比別人更願意冒險的人。因此，全世界96%的電腦用的是微軟的Windows，而蘋果只占有2.5%的市場，恐怕也不是純巧合，絕大多數的人還是不喜歡挑戰現狀。

雖然蘋果的員工會告訴你，蘋果的成功是因為產品優秀，但世界上能生產優秀電腦的企業很多。雖然蘋果員工還是會堅持說，他們的產品就是高人一等，但這真的要看以什麼標準來衡量。對相信蘋果理念的人而言，蘋果的產品絕對最好。蘋果的思維模式、所有行為都在傳遞自己的理念，也創造了屬於蘋果的成就。他們在落實理念上表現得非常優異，只需在產品名前面加上「i」，就能讓大家清楚辨識他們。但蘋果不是只擁有「i」這個字母，他們擁有的是大寫的「I」，也就是「我」這個字。他們是一家致力提倡個人精神的公司，而他們的產品、服務及行銷都證明了這一點。

## 為什麼不在前方，要往回探索

保守的估計是三比一，但也有歷史學家說，當年敵軍與英軍的人數比其實是六比一。無論你信哪個數字，英王亨利五世打贏這場戰役的機率顯然都不高。1415 年 10 月底，英軍在法國北部的阿金庫爾（Agincourt）準備迎戰有好幾倍兵力的法軍。但兵力懸殊不是英王亨利唯一要面對的問題。

英軍已經長途跋涉三週、走了 250 英里，而且已經有四成士兵生病。相反地，法國軍隊不但從容、士氣高昂，而且訓練有素、作戰經驗豐富。他們正準備給英軍迎頭痛擊，一雪前恥。更糟的是，法國軍隊的裝備遠勝英軍。英國兵只有輕便盔甲，法軍的盔甲卻厚實得多。但任何讀過歐洲史的人都知道阿金庫爾之役最後的結果——儘管情勢萬分不利，英軍還是打了勝仗。

英軍當時握有一項重要科技，讓法軍陣腳大亂、引發一連串連鎖反應，最後以法軍戰敗告終。當時英軍有一種射程極遠的長弓，站在戰場外圍遠處的山丘上（遠到再堅實的盔甲都無用武之地），英軍得以俯視整個山谷，朝法軍射出密密麻麻的箭雨。但讓這些箭射穿盔甲的，並不是戰爭科技或是長弓的射程。就其本身而言，一支箭不過是一根很容易斷的木桿，一頭削尖、另一頭鑲上幾根羽毛。本質上，一支箭根本無法擋劍或穿甲。讓一支箭能戰勝豐富的作戰經驗、精實的訓練，以及人數和盔甲的，是它的動能。一支脆弱的木桿只有在凌空而飛、急速往同一方向前進時，才能產生致命的力道。但阿金庫爾之役與尋找為什麼之間，到底有何關連？

在一支箭能產生任何力量之前，你必須先把箭往與目標剛好 180 度相反的方向拉開。而這也正是為什麼獲得能量的方式。為什麼不是來自往前看、緊盯想要達成的目標、努力找尋達成目標的策略。它不是來自市場研究，也不是來自嚴謹的顧客訪談或員工訪談。它來自完全相反的方向。尋找為什麼是一個探索的過程，而非發明的過程。

正如蘋果的為什麼是來自於六〇與七〇年代的反骨精神，

每個人或組織的為什麼也都來自於過去，來自於一個人或一小群人的成長背景及生活經驗。每個人都有自己的為什麼，組織也一樣。 別忘了，組織就是一種做什麼，它是一個人或一小群人用來證明自身理念的具體方法之一。

每一個擁有感召力的企業、組織或團體，都是從一個人或一小群人開始的。他們也都受到某種感召，希望成就一些比自我更偉大的事情。有趣的是，釐清自己的做什麼並非最困難的部分。真正難的是相信自己的直覺、堅持自己的願景、使命或信念。保持平衡與真誠才是最困難的部分。只有少數能真正忠於自己的信念、成功建立起擴音喇叭的人，才會擁有真正的感召力。在這個過程中，他們能產生一種鼓舞他人一起行動的能力，這種能力會超乎想像地強大。要釐清一家企業、一個組織的做什麼，或是要了解任何社會運動背後的理念，我們永遠只能從一個地方開始：我們自己。

## 我是失敗者

我生命裡有三個月的時間，會永遠烙印在記憶中：2005年9月到12月。我人生的谷底。

2002年2月，我正式創業。我真是興奮莫名。套句我爺爺的話，我當時真的「渾身是勁」。我從小就想創業，那就是我的「美國夢」，而我當時就活在自己的夢想裡。我所有的自信都來自創業這件事──我終於做到了，我終於鼓起勇氣、放手一搏。那種感覺真好。當時只要有人問起我的工作，我會立刻擺出電視影集中《超人》的架勢，雙手叉腰、挺起胸膛、雙腿挺立、仰著頭宣告說：「我自己創業。」我的行為完全反映了我對自己的定義。那種感覺真好。我不是像超人，我根本就是超人。

任何創業者都知道，它就像一場精采的賽跑。你的腦子裡會永遠記著一個統計數字：超過 90%的新創都熬不過前三年。但只要你有一絲不服輸的精神，尤其如果你定義自己為「創業家」的話，任何統計數字都威脅不了你，它們只會讓你的鬥志更高昂。認為自己絕對屬於可以成功撐過三年的那些少數人、認為自己絕對可以打敗統計數字的那股傻勁，正是創業家的天性。你的動力完全來自一股熱情，毫無理性可言。

成功度過第一年，我們大肆慶祝，因為公司還活著。我們正一步步打敗統計數字，我們正在實現夢想。兩年過去了，然後是第三年。我還沒搞清楚是怎麼做到的，因為我們從來沒真正實行過任何有效的制度或流程。但管它的，我們正邁向成功。我已經達成了自己的目標，這點最重要。我現在可以驕傲地說，有統計數字為證，我已正式加入美國小企業主的行列。

第四年可就不一樣了。覺得自己是創業家的新鮮感慢慢消逝，超人的英勇站姿不再。當人家問起我是做什麼的，我會說我從事「企業定位與企業策略諮詢」的工作。它聽來不再那麼令人興奮，也不再像是在參加一場令人躍躍欲試的偉大競賽。它不再是一件充滿熱情的事，它成了一樁生意。事實上，這樁生意感覺起來也不再那麼浪漫迷人了。

我們從來沒有一戰成名。我們的生意讓我們可以勉強餬口，但也僅止於此。我們有幾家《財星 500》的客戶，我們的工作表現也確實不錯。我很清楚我們在做什麼，而且也能清楚地告訴你，我們和別人有何不同，也就是我們是怎麼做的。和所有在這一行的人一樣，我會不斷說服自己的潛在客戶，我們會怎麼做，為什麼我們的做法會比別人好，我們的做法有多特別。說服人真是一件很辛苦的事。但實情是，我們能夠撐過三年，是因為我們的精力超級充沛，不是因為我的企業敏銳度比人強。而我知道，自己絕對沒有能力一輩子維持這種策略。我很清楚，要公司活下去，我們需要更好的制度與流程。

我的士氣變得極度消沈。理智上，我完全知道自己應該怎麼做，但我就是做不到。2005 年 9 月，我落入這輩子最憂鬱的深淵。我一向都是開朗、樂觀的人，所以光是心情不好就已經很嚴重了，那時的我情況顯然更糟。

憂鬱的情緒讓我產生了嚴重的偏執，我確信自己的公司沒救了、我確信自己一定會被趕出公寓、我覺得同仁一定都很討厭我，我們的客戶一定都知道，我只是個大草包。我覺得每一個我碰到的人都比我聰明，所有人都比我強。我把自己僅剩的一點精力全部用來假裝堅強，在人前裝得好像一切都非常順利。

如果要成功扭轉情勢，我知道自己必須在一切崩潰之前，趕緊為公司引進制度、強化組織。於是我去參加各種研討會、讀書、向事業有成的朋友討教自己該怎麼做。所有的建議都很棒，但我一個字也聽不進去。不管別人對我說什麼，我聽到的都是：你每一件事都做錯了。努力解決問題並沒有讓我覺得比較好過，反而讓我的情緒更低落。我覺得自己變得更加無助，腦中開始出現最絕望的想法：我是不是應該出去找個工作了？對創業者而言，這種想法甚至比自殺更糟。不管什麼工作，只要能讓我不再覺得自己一直在往深淵墜落就好了。我當時每天都陷在那種恐怖的情境之中。

記得那一年我在自己未來的妹夫家過感恩節。我坐在他家沙發上，大家在跟我說話，但我好像一個字都聽不見。如果有人問我問題，我只能隨便敷衍一下。我根本沒興趣與任何人說話，我甚至連說話的能力都沒了。就在那時候，我才意識到，不論統計數字怎麼說，我其實是失敗者。

大學主修人類學，在行銷廣告界又專攻策略，我一向對每個人為什麼會做自己所做的事情非常感興趣。事業剛起步時，我就開始在真實世界裡探索這個問題，在我的工作中，我探索的就是企業的行銷策略。我們這一行有句老話：所有的行銷策略大約有 50％會有用，問題是，是哪 50％？我一直非常訝異，竟然有那麼多企業是在這麼不確定的情況下運作的。為什麼有人會願意投入這麼大的成本、承擔這麼大的風險，而成功機率卻只跟丟銅板一樣高？我深信，如果某些行銷方法真的有效，我一定能找出它有效的原因。

所有資源相當的企業，都有機會與同樣的廣告公司合作、用同樣的人才及媒體，但為什麼有些行銷手法有效，其他卻不行？在廣告公司工作時，我見過太多這樣的事。條件相當的情況下，同一個廣告團隊前一年提出的行銷計畫可能大獲成功，第二年所規劃的行銷方案卻慘敗。我決定先不管那些失敗的案例，專心研究成效好的行銷計畫，希望找出它們的共通點。不知是幸是不幸，可供研究的案例並不多。

蘋果的產品行銷為何能一次又一次打敗競爭對手？哈雷機車到底做對了哪些事，為什麼他們能創造出一群死忠哈雷迷，甚至願意將哈雷商標刺在自己身上？為什麼大家那麼喜歡西南航空，他們應該沒那麼特別吧？還是，他們真的很特別？為了解開其中的奧秘，我提出了一個簡單的概念，也就是所謂的「黃金圈」。但這個小小的理論一直靜靜躺在我的電腦裡。它只是我很喜歡的一個小研究，一直沒有真正拿出來應用。

幾個月後，我在一個活動中碰到一位女士，她對我這個有關行銷的小理論很感興趣。哈珀女士（Victoria Duffy Hopper）來自學術背景濃厚的家庭，她自己也對人類行為深感興趣。她是第一個跟我談到腦部邊緣系統及新皮質的人。她的談話內容大大引起了我的好奇心。我開始大量閱讀大腦生物學的相關書籍，也因此有了真正的發現。

人類行為的生物學原理與黃金圈幾乎完全一致。我原先只是想了解為何某些行銷手法有效，有些卻無效，結果竟在無意中發現了一些更重要的東西。我發現了為什麼人類會做自己所做的事。這時我也才明白，自己壓力真正的來源為何。問題不是我不知道該做些什麼或該怎麼做。真正的問題是，我忘了自己的為什麼。也就是說，我碰到岔路了，而我最需要做的，就是從新找回自己的為什麼。

## 啟發別人去做能啟發他們自己的事

亨利·福特曾說，「無論你認為自己做得到或是做不到，你都是對的。」他是一個聰明絕頂的人，也是個典型的為什麼型的人。他完全改變了產業的運作模式。福特具備了一位偉大領導者所有的重要特質，他完全了解看待事情的眼光有多重要。我並不比自己剛創業的時候笨，事實上可能還剛好相反。我失去的是看事情的眼光。我完全知道自己在做什麼，卻也完全忘了為什麼。閉著眼睛往前衝與睜開雙眼全力往前衝，差別非常大。三年來，我熱血沸騰，卻雙眼緊閉。我熱情澎湃、活力十足，卻沒有重心與方向。我必須時時記得，自己的熱情從何而來。

我開始著迷於為什麼這個概念，朝思暮想、無可自拔，一天到晚與人談的也都是這件事。當我回想自己的成長經驗時，我發現了一個重要的事實。無論是與朋友相處、在學校或在職場，我一向是那個最樂觀的人。我是那個會一直鼓勵別人，告訴他們一定能做到自己想做的事情的人。這就是我的為什麼——鼓舞、激勵別人。無論我的工作是行銷或企管顧問，無論與我合作的對象是什麼樣的企業、在哪一個產業，我最喜歡做的就是啟發別人去做最能啟發他們自己的事情——只要一起努力，我們就能改變世界。這就是我現在的人生及事業完全投注的方向。亨利·福特一定會非常以我為榮。接連好幾個月，我一直覺得自己做不到。現在，我知道自己一定做得到。

我把自己當成白老鼠來實驗「黃金圈」理論，如果我是因為自己的黃金圈失去了平衡而落入谷底，那我就必須趕緊找回平衡點。如果從為什麼開始是最重要的事，那我就要在每一件事上都從為什麼開始。本書中提出的每一個概念，我都親自實驗過。我站在自己的擴音喇叭頂端，逢人便說我的為什麼。許多早期採用者聽到我的理論之後，開始把我當成他們彈藥庫裡的重要武器，來達成他們自己的為什麼。他們又把我介紹給他們認為能因我而獲得啟發的人。於是，擴散法則開始發威。

我自己因「黃金圈」的理論及為什麼的概念而大大受益，我也希望能介紹給更多人。我必須做一個決定：我是該申請專利、好好保護自己的智慧財產權，用它賺大錢呢，還是應該要免費與人分享這些概念？這個決定是我的第一個芹菜測試。我的為什麼，是啟發別人去做能啟發他們自己的事。如果我是真誠地看待自己的信念，那我就只有一個選擇——免費與人分享、到處宣揚這些概念。我不可能藏私。我的願景是幫助每一個人、每一個組織去發現自己的為什麼、讓大家受惠。因此，這就是我現在正在做的事情。我每一天都全心依靠為什麼的概念，以及因它而自然衍生的「黃金圈」，來幫助我達成自己的願景。

我的實驗已開始產生效果了。從為什麼開始之前，我這輩子只接到過一個演講邀請。現在，我每年都會接到三、四十個來自不同領域、不同國家的演講邀約，請我與他們分享黃金圈的原則。我的聽眾包括了創業家、大企業、非營利組織、政界及政府機構。我曾到五角大廈為參謀總長及空軍部長演講。在黃金圈理論出現之前，我跟軍方根本毫無交集。在從為什麼開始之前，我從來沒上過電視。但在兩年不到的時間，我開始定期出現在 MSNBC 有線新聞頻道。在從為什麼開始之前，我從來沒和政府或政界打過交道，但我現在的客戶裡卻包括了國會議員。

我還是我。我的本事和從前沒什麼兩樣。唯一不同的是，現在我凡事都從為什麼開始。就像貝紳用同一批人及同樣的資源，成功地改造了大陸航空，我也是以同樣的知識與資源，將自己從谷底拉起。

我的人脈沒有比別人廣，我的工作也不見得比別人賣力。

我沒有長春藤名校的光環，在校成績也只是普通而已。最好笑的是，我還是不知道要如何經營一個企業。我現在唯一會而別人不會的是，我學會了從為什麼開始。

14

# 只跟過去的自己比賽

「砰！」一槍聲響，所有人開始起跑。選手們穿過田野。前一天剛下過雨，地還是濕的。氣溫很低，這是個長跑的好天氣。所有選手很快形成一個群體。就像魚群齊一行動，有如一體。大家調整步伐，設定了一個能讓體力在整個比賽中獲得充分發揮的速度。和所有比賽一樣，最強的選手很快開始領先，較弱的選手則開始落後。但班恩．卡門（Ben Comen）不一樣，他從槍響那一刻就落後到最後段。班恩絕不是隊伍中跑得最快選手。事實上，他是最慢的一個。從開始參加漢拿高中（Hanna High School）越野田徑隊以來，班恩從來沒贏過任何一場比賽。班恩是一位腦性麻痺患者。

腦性麻痺通常是因為出生時的併發症所造成，會影響我們的行動能力與平衡。這種情形會延續終身。變形的脊椎造成身體扭曲。肌肉通常也會萎縮、反射動作變慢。僵硬的肌肉和關節也會影響身體的平衡。腦性麻痺患者走路時常會不自主地晃動、膝蓋打結、步履蹣跚。外人看來，他們似乎動作很笨拙。

大隊人馬愈跑愈遠，班恩也落後得愈來愈多。他在潮濕的草地上滑了一跤，整個人撲倒在泥濘的地上。他慢慢爬起來，繼續往前。他又滑倒，這一次顯然很痛。他再爬起來，繼續向前。班恩沒打算放棄。前面的選手大隊已經不見人影，班恩獨自一人慢慢跑著。四周一片寂靜。他可以聽到自己沉重的呼吸聲。他覺得很孤單。他又勾到了自己的腳，再一次摔倒在地。無論意志多麼堅強，班恩藏不住臉上的痛苦與挫折。他用盡全力再次將自己從地上慢慢撐起來，表情扭曲。對班恩而言，這顯然是家常便飯。一般人大概都會在二十五分鐘之內跑完全程，但班恩通常需要花超過四十五分鐘。

當班恩終於越過終點線時，他已經疼痛不堪、筋疲力盡。跑完這一趟，用盡了他每一分氣力。他全身淤青、到處破皮流血、渾身都是泥巴。班恩確實鼓舞了我們。但這並不是一個愈挫愈勇的故事。它也不是一個不怕跌倒、再接再厲的故事。沒錯，這些都是很值得學習的精神，但這些功課不需要班恩來教導我們。這種激勵人心的故事很多。比方說，一位奧林匹克選手在比賽前幾個月受了傷，卻勇敢回到運動場，而且勇奪金牌。班恩的故事意義比這個深刻得多。

二十五分鐘後，令人驚訝的事情發生了。當所有人跑完全程，大家竟然又全部回頭跑，陪班恩一起完成賽程。班恩是唯一一個跌倒時有人扶起的人。班恩是唯一一個跑到終點時，背後還有幾百個人跟著跑的人。

班恩教會我們：當你和別人競爭時，沒有人會幫你的忙，但是當你是在和自己競爭時，每個人都願意幫你一把。奧運選手不會互相幫忙，因為他們是彼此競爭的對手。班恩每次參加賽跑，心中都有清楚的為什麼。他不是要打敗別人，他是要勝過自己。班恩從來沒有忘記這件事。他的為什麼讓他能不怕跌倒、再接再厲。每一次他賽跑，目標都是勝過自己。

現在想想我們做生意的方式。我們永遠都是在跟別人競爭。我們永遠都是想比別人好。品質要比較高、功能要比較多、服務要比較好。我們永遠在和別人比較。因此，沒有人會想要幫助我們。如果我們每天來工作都是為了勝過自己呢？如果我們的目標是這個禮拜做的要比上個禮拜好、這個月的表現要比上個月好呢？如果我們的目標只是想讓組織在我們離開時，會比我們剛進來時更好呢？

所有組織都是從為什麼開始，但唯有偉大的組織可以讓為什麼年復一年地保持清晰。那些忘記了為什麼的企業，每天上場都是以打敗別人為目標，而非戰勝自己。對於忘了自己為何而跑的人而言，他們追求的目標只是獎牌，或是打敗別人。

試想以下的情形：當別人問說，「你們的競爭是誰？」我們回答說，「不知道。」當別人追問，「那你們到底哪裡比競爭對手強？」我們回答說，「我們不比任何人強。」當別人再問，「那我為什麼要跟你們做生意？」而我們這時可以充滿自信地回答，「因為我們現在做的比六個月前好，而我們六個月以後的表現，也會比現在更好，因為我們每天都帶著清楚的為什麼來工作。我們工作的目的是啟發別人去做能啟發他們自己的事。至於我們是否比競爭者強，如果你相信我們所相信的，而且相信我們所做的能對你有幫助，那我們就比別人強。如果你不相信我們所相信的，也不認為我們所做的事情能幫助到你，那我們就不比別人強。我們的目標，是找到與我們理念相同的客戶，與他們攜手努力打造成功。我們要找的，是能與我們並肩追求共同理想的人。我們對於與客戶面對面、想辦法談出划算交易，一點興趣也沒有。以下就是我們為了推動自己的理念所做的一些事情……」然後，你再開始說明自己的如何做及做什麼。這一次，你就是從為什麼開始的。

想想，如果每一個組織都能從為什麼開始，結果會如何？決策會更容易、忠誠度會更高、信任將成為一種普遍現象。如果我們的領導者都能致力於凡事從為什麼開始，樂觀氣氛將主導一切、創新能力將繁榮興盛。就像本書中所舉的例子，這種情況有許多前例可尋。無論組織規模如何、無論身處什麼產業、提供的產品或服務為何，如果我們都能努力地從為什麼開始，而且鼓勵別人也這麼做，我們就能一起改變這個世界。

這才叫鼓舞人心呢！

最後，如果本書對你有所啟發，請你將它轉送給那些你也想要鼓舞、啟發的人。

# 致謝

世界上最讓我快樂的一件事，就是每天早上醒來，心裡清楚知道自己的為什麼——啟發別人去做那些能啟發他們自己的事。由於我自己的身旁就時時圍繞著許多一直不斷啟發我的人，因此，這件事做起來當然格外容易。

多年來，我身邊有太多相信我、不斷幫助我的人。我真要感謝所有幫助我以此書來打造出我的擴音喇叭的人。Amy Hertz 是第一個堅持我應該把這本書寫出來的人，她也為我介紹了一位絕佳的經紀人 Richard Pine。Richard 相信世界上充滿美好的事，而且決心以幫助那些願意與人分享正面思想的作者為自己的職志與事業。他的耐心與指導讓我受益無窮。我也要向 Russ Edelman 致謝，他把自己的編輯 Jeffery Krames 介紹給我，而 Jeffery 則勇敢地接受挑戰，並容許我逼他以不同的方式來做事。我也要向樂意挑戰傳統做法、大膽引領出版業進行變革的 Adrian Zackheim 致謝。

謝謝 Mark Rubin 能夠見我所見，並讓我在他的地下室開展寫作大業。謝謝 Tom and Alicia Rypma，讓我在他們家繼續進行寫作。也謝謝達美航空，每當我在三萬五千尺高空奮力寫作時，他們總是對我照顧有加。也謝謝 Julia Hurley 確保每件事都正確無誤。謝謝 Portfolio 出版公司整個工作團隊的努力，讓這本書終於得以順利面世。更重要的是，謝謝 Laurie Flynn，她全心投入（甚至奉獻了自己的家人），幫我把這些故事說出來。

我有幸碰到許多精彩的人，而他們對我的啟發真的是難以用筆墨來形容。Ron Bruder 改變了我看世界的方式。蘿賓森准將讓我親眼見證了一位偉大領導者的謙遜。Kim Harrison 每天都在實踐自己的為什麼——珍惜身旁所有美好的事物，而且努力讓所有的好人、好的想法受到賞識。她讓我親眼見到、深切感受到何謂真正的伙伴關係。對於所有與我分享他們如何實踐自己為什麼的朋友，我深深感謝你們的時間與心力：Colleen Barrett、Gordon Bethune、Ben Comen、Randy Fowler、Christina Harbridge、Dwayne Honore、Howard Jeruchimowitz、Guy Kawasaki、Howard Putnam、James Tobin、Acacia Salatti、Jeff Sumpter、Col. “Cruiser” Wilsbach，還有史帝夫．沃茲尼克。

本書正式成形以前，早已有許多早期採用者樂意瞭解為什麼的奧祕，並努力運用「黃金圈」來打造自己的組織。這群擁有前瞻眼光的朋友願意擁抱一個新的概念，同時對我釐清這個概念中的諸多細節幫助良多。為此我要感謝 Geoffrey Dzikowski、Jenn Podmore、Paul Guy、Kal Shah、Victor DeOliveria、Ben Rosner、Chiristopher Bates、Victor Chan、Ken Tabachnick、Richard Baltimore、Rick Zimmerman、Russ Natoce、Missy Shorey、Morris Stemp、Gabe Solomon、Eddie Esses，以及 Elizabeth Hare，因為她在家庭這個最重要的組織上，看到了為什麼的價值。謝謝 Fran Biderman-Gross，妳不僅是早期採用者，更刻意在生活的每一個層面全心擁抱為什麼，以鼓勵別人也去發掘自己的為什麼。謝謝眾議員 Stephanie Herseth Sandlin、Paul Hodes 及 Allyson Schwartz，您們給了我那麼多，同時也繼續以如此熱情回饋別人。

多年以來，許多人都曾大力協助我實踐自己的理想。我要感謝哥倫比亞大學「策略傳播」課程（超棒的研究所課程）主任 Trudi Baldwin、對我深具信心的 Jim Berrien、教導我（而且百折不撓）的 Jack Daly 及 Piers Fawkes、不斷砥礪我的 Denis Glennon、Kevin Goetz 及 Tony Gomes、致贈我一份美好事業的 Paul Gumbinner、教導我如何獨立自主的 Kenneth Hein 及 Peter Intermaggio、一直幫助我的 Pemela Moffat 及 Rick Sapio、邀請我向一群觀眾分享理念的 Alana Winter 以及 Matt Weiss，還有從一開始就大膽在我身上下賭注的 Diederick Werdmolder。

我非常感謝美國空軍中的一些金頭腦甘冒風險、勇於嘗試新事物。他們身體力行了美國空軍的為什麼——發掘並實踐更好的做事方法。我要向第一位引薦我為美國空軍服務的 Erwin Lessel 少將、信念從未動搖的 William Chambers 少將、Walter Givhan 准將及 Dash Jamieson 准將，還有學識之淵博，恐怕讓我一輩子都趕不上的 Darren McDew 少將及 Marin Neubauer 准將、Christy Molta、Janet Therianos，以及 Dede Halfhill 中校（中校，妳欠我一回）。

非常感謝那些啟迪我的思想、讓我逐步拼出黃金圈理論的朋友以及他們優秀而真摯的建言。謝謝 Kendra Coppey 在 2005 年幫助我逃出黑暗深淵；謝謝 Mark Levy 為我指出正確的方向。謝謝 Peter Whybrow，他看見了一個美國的問題，並協助我瞭解這個問題背後的神經科學原理。Kirt Gunn 的優秀腦袋想出了「岔路」的概念。每一次與 Brian Collins 的討論，也一定會引發許多新的想法。謝謝 Jorelle Laaakso，因為他教我一定要追尋自己相信的事。謝謝 William Ury 為我指出一條應該依循的道路。還有 David Deptula 少將，他大概是我這輩子所認識最聰明的一個人，而且還為我提供了一種處理極端複雜問題的新方法。

如果沒有以下諸位的協助、支持與坦率的討論，我對為什麼的認識不可能完整。謝謝 Nic Askew、Richard Baltimore、Christopher Bennett、Christine Betts、Ariane de Bonvoisin、

Scott Bornstein、Tony Conza、Vimal Duggal、Douglas Fiersetin、Nathan Frankel、JiNan Glasgow、Cameron Herold、John Hittler、Maurice Kaspy、Peter Laughter、Levin Langley、Niki Lemon、Seth Lloyd、Bruce Lowe、Cory Luker、Karl and Agi Mallory、Peter Martins、Brad Meltzer、Nell Merlino、Ally Miller、Jeff Morgan、Alan Remer、Pamela and Nick Roditi、Ellen Rohr、Lance Platt、Jeff Rothstein、Brian Scudamore、Andy Siegal、John Stepleton、Rudy Vidal、2007 及 2008 年的「巨人會議」，還有那獨一無二的「神秘舞會」（Ball of Mystery）。

我已去世的外公 Imre Klaber 幫助我瞭解，有那麼一點反常絕對比完全正常的人生有趣得多。我的父母史帝夫與蘇珊．席奈克（Steve and Susan Sinek）一直鼓勵我要跟隨自己內心的節奏。還有我最最神奇的妹妹莎拉，一方面尊重我天馬行空的思維，又會竭力幫助我雙腳穩穩地站在地上。

這些年來，有許多重要的著作及作者深深啟發了我、激發出我許多想法、給了我不同的視野，其中包括布蘭佳（Ken Blanchard）、佛里曼（Tom Friedman）、高汀（Seth Godin）、布萊夫曼、貝克斯壯（Ori Brafman and Rod Beckstrom）合著的《海星與蜘蛛》（*The Starfish and the Spider*）、巴金漢（Marcus Buckingham）的《首先，打破成規》（*First, Break All the Rules*）、柯林斯（Jim Collins）的《從 A 到 A+》（*Good to*

*Great*）、柯維（Stephen Covey）的《與成功有約》（*The 7 Habits of Highly Effective People*）、費里斯（Tim Ferriss）的《一週工作 4 小時》（*The 4-Hour Workweek*）、法拉利（Keith Ferrazzi）的《別自個兒用餐》（*Never Eat Alone*）、葛伯（Michael Gerber）的《創業必經的那些事》（*E-Myth*）、葛拉威爾（Malcolm Gladwell）的《引爆趨勢》（*The Tipping Point*）、《異數》（*Outliers*）、葛雷易克（James Gleick）的《混沌》（*Chaos*）、高曼（Daniel Goleman）的《EQ》（*Emotional Intelligence*）、希思兄弟（Chip and Dan Heath）的《創意黏力學》（*Made to Stick*）、強森（Spencer Hohnson, M.D.）的《誰搬走了我的乳酪？》（*Who Moved My Cheese?*）、高米沙（Randy Komisar）的《僧侶與謎語》（*The Monk and the Riddle*）、藍奇歐尼（Patrick Lencioni）的《團隊領導的五大障礙》（*The Five Dystunctions of a Team*）、李維特與杜伯納（Steven D. Levitt and Stephen J. Dubner）的《蘋果橘子經濟學》（*Freakanomics*）、藍丁（Stephen Lundin）、保羅（Harry Paul）、克里斯汀生（John Christensen）及布蘭佳合著的《派克魚鋪奇蹟》（*FISH!*）、雷斯岱克（Richard Restack）的《頭腦！失去的邊界》（*The Naked Brain*）、塞利格曼（Martin Seligman）的《真實的快樂》（*Authentic Happiness*）、索羅維基（James Sourowiecki）的《群眾的智慧》（*The Wisdom of Crowds*）、塔雷伯（Nicholas Tleb）的《黑天鵝效

應》（*The Black Swan*），以及每個人都應該閱讀的最重要的一本書，威柏（Peter Whybrow, M.D.）的《美國病》（*American Mania*），它教導我們，由於人不可能控制環境，我們必須學會控制自己的心態。

我要特別感謝所有加入我的行列、努力啟發別人的朋友們。我也非常感激大家寄給我的電子郵件及鼓勵信函，我將它們妥善珍藏起來，為的就是提醒自己，只有許許多多的人一起手牽手、肩並肩，才有可能創造出真正的改變。

最後，許多人讀了本書之後，又將本書轉贈給那些你們認為可能受益的朋友。對於這樣的讀者，我衷心感謝。我知道，只要有足夠的人了解為什麼，而且努力實踐凡事從為什麼開始，我們就能改變這個世界。

國家圖書館出版品預行編目資料

先問，為什麼／賽門．西奈克（Simon Sinek）著；姜雪影譯 . -- 第二版 . -- 臺北市：天下雜誌 , 2018.05
面；　公分 . --（天下財經；354）

譯自 : Start with why : how great leaders inspire everyone to take action

ISBN 978-986-398-334-7（平裝）

1. 企業領導

494.2　　107004942

## 訂購天下雜誌圖書的四種辦法：

◎ 天下網路書店線上訂購：www.cwbook.com.tw
會員獨享：
1. 購書優惠價
2. 便利購書、配送到府服務
3. 定期新書資訊、天下雜誌網路群活動通知

◎ 在「書香花園」選購：
請至本公司專屬書店「書香花園」選購
地址：台北市建國北路二段 6 巷 11 號
電話：( 02 ) 2506 － 1635
服務時間：週一至週五　上午 8：30 至晚上 9：00

◎ 到書店選購：
請到全省各大連鎖書店及數百家書店選購

◎ 函購：
請以郵政劃撥、匯票、即期支票或現金袋，到郵局函購
天下雜誌劃撥帳戶：01895001 天下雜誌股份有限公司

＊ 優惠辦法：天下雜誌 GROUP 訂戶函購 8 折，一般讀者函購 9 折
＊ 讀者服務專線：( 02 ) 2662-0332（週一至週五上午 9：00 至下午 5：30）

天下財經 354

# 先問，為什麼？

*Start with Why: How Great Leaders Inspire Everyone to Take Action*

作　　　者／賽門・西奈克（Simon Sinek）
譯　　　者／姜雪影
封 面 設 計／Javick 工作室
責 任 編 輯／許湘

天下雜誌群創辦人／殷允芃
天下雜誌董事長／吳迎春
出版一部總編輯／吳韻儀
出　版　者／天下雜誌股份有限公司
地　　　址／台北市 104 南京東路二段 139 號 11 樓
讀 者 服 務／（02）2662-0332　　傳真／（02）2662-6048
天下雜誌 GROUP 網址／ http://www.cw.com.tw
劃 撥 帳 號／ 01895001 天下雜誌股份有限公司
法 律 顧 問／台英國際商務法律事務所・羅明通律師
製 版 印 刷／中原造像股份有限公司
總　經　銷／大和圖書有限公司　　電話／（02）8990-2588
出 版 日 期／ 2012 年 07 月 01 日第一版第一次印行
2018 年 05 月 23 日第二版第一次印行
2021 年 12 月 23 日第二版第十七次印行
定　　　價／ 380 元

*Start with Why*
Copyright © Simon Sinek, 2009
All rights reserved including the right of reproduction in whole or in part in any form.
This edition published arrangement with Portfolio, a member of Penguin Group (USA) Inc.,arranged through Andrew Nurnberg Associates International Limited.
Complex Chinese translation copyright @ 2012, 2018 by CommonWealth Magazine Co., Ltd.
All rights reserved.

書號：BCCF0354P
ISBN：978-986-398-334-7（平裝）

**天下網路書店：http://shop.cwbook.com.tw**
**天下雜誌出版部落格 http://blog.xuite.net/cwbook/blog**
**天下讀者俱樂部 Facebook http://www.facebook.com/cwbookclub**

本書如有缺頁、破損、裝訂錯誤，請寄回本公司調換

天下雜誌
觀念領先